丛书主编 ○ 邹登顺

香席

林 灿 ○ 著

西南师范大学 出版社
国家一级出版社 全国百佳图书出版单位

图书在版编目（CIP）数据

香席 / 林灿著 . — 重庆：西南师范大学出版社，
2015.1（2018.11 重印）
（走向世界的中国文明丛书）
ISBN 978-7-5621-7169-0

Ⅰ . ①香… Ⅱ . ①林… Ⅲ . ①香料－文化－中国
Ⅳ . ① TQ65

中国版本图书馆 CIP 数据核字（2014）第 270548 号

丛书主编　邹登顺

丛书编委　邹登顺　刘行光　沈凤霞　王军平　林 灿　酉文斌
　　　　　于智华　朱晓东　周云炜　王名磊　卢静云　王 升
　　　　　曾学英　朱致翔　韦 娜

走向世界的中国文明丛书

香席
XIANGXI

林灿 著

责任编辑：何雨婷　张昊越
出版策划：双安文化
装帧设计：黄 杨　鞠现红
出版发行：西南师范大学出版社
　　　　　地址：重庆市北碚区天生路 2 号
　　　　　邮编：400715
　　　　　http://www.xscbs.com
经　　销：全国新华书店
印　　刷：香河利华文化发展有限公司
幅面尺寸：170mm×240mm
印　　张：11.5
字　　数：186 千字
版　　次：2015 年 1 月　第 1 版
印　　次：2018 年 11 月　第 3 次印刷
书　　号：ISBN 978-7-5621-7169-0

定　　价：28.00 元

致读者

　　倡导"新史学"的梁启超在评述中国文明发展一脉相承、生生不息的同时，从文化交融发展角度指出了中国文明发展的道路：中国之中国、亚洲之中国、世界之中国三阶段。梁氏"三阶段说"独具慧眼，表明中国文明独创之后，走向亚洲，走向世界，与此同时也在拥抱亚洲其他文明和世界文明。中国与世界互为视角，既要坚持"和而不同"，"道并行而不相悖"的智慧，又要有更大视野，考察中国文明不能脱离世界文明的格局，中国文明也对世界有独特价值，并以其独特的方式影响人类文明的发展，做出了应有的贡献。安田朴《中国文化西传欧洲史》如数家珍地介绍，西方魁奈和杜尔哥的重农学派受中国重农风尚影响，古老的冶炼术成就了西方最大的金属工业的基础，中式园林影响西方王府公园，西方眼中的中国式样"开明政治"成为其"理想模式"……凡此都表明18世纪西方"中国热"时，中国文明对西方文明的贡献有力焉。历史上，中国文明向亚洲、欧洲输送了许多发明和思想。从世界范围的历史和现状来看，文明程度之所以如此，中国人民的贡献颇多。中国文明除直接被其他文明吸收外，还包括有美国汉学家史景迁《文化类同与文化利用》书名所示的状况——类同和利用：不同文明从对方那里吸取有益成分，充实其文明甚至成为其文明发展的新鲜血液。由于历史原因，自西方工业革命以后，以科技为代表的文明成就日新，非西方国家和民族都争先恐后地学习西方、模仿西方，于是西化之声盈耳，响彻全球。中国近代以来的西化主流呼声一浪高过一浪，激进成时尚，文化交流渐变成西学东渐，东学西渐虽未绝却细细如缕。时至今日，中国如何走向世界，中国文明如何走向世界，依然是有识之士忧思的大问题。

　　中国文明走向世界，最基本的意思是从文明交流角度看中国文明如何影响日韩越、欧美非等文明，以及世界文明中的中国形象。除此基本意义外，还有两层意思。首先从反思现代性、后现代性角度看，中国文明具有独特的价值。一脉相承延绵5000多年的文明积淀，不仅为中华民族发展壮大提供了丰厚滋养，而且有独特的普世价值，诸如"天人合一"，即人与自然和谐的观念可以弥补现代化征服自然之偏执。再次就是，中国文明走向世界意味着顺应时代潮流，睁开眼睛看世界，主动去交流，广泛参与世界文明对话，促进文化相互借鉴，逐步改变西方国家对于中国文化的片面认知与刻板印象，树立新形象。这是中华复兴所需的使命所在，也是国家民族文化安全的重要组成部分。我们必须清醒认识到，把中国文化介绍出去为他国认知，是十分困难的事，必须有长期打算，正如季羡林先生为《东学西渐丛书》写序时说："想介绍中国文化让外国人能懂，实在是一个异常艰巨的任务，对于这一点我们必须头脑清醒。"

重庆双安文化传播公司和西南师范大学出版社出于文化使命感，思索中国文明如何走向世界。中国文明走向世界不仅要总结已有交流史、中国文化形象的得失，更应该从现代性、后现代性角度厘清文明家底，在这样的基础上谈论中国文明走向世界之事才有真实价值。为此策划了《走向世界的中国文明丛书》，涵盖中国对世界其他文明产生了深远影响的诸多内容，如戏曲、造纸术、丝绸、剪纸、中医、古琴、国画、饮食、印刷术、造船、武术、瓷器、灯谜、玉器、园林艺术等。

中国如何走向世界？中国文明如何走向世界？学人责无旁贷，任重道远，共襄其事，是为序。

邹登顺

（重庆师范大学历史与社会学院副教授、重庆市重点社科基地"三峡社会发展与文化研究院"文化遗产研究所所长）

前　言

在查阅一些资料后,我没有在古代典籍中找到"香席"一词的确切出处。相对比较权威的出处,是我国台湾地区学者刘良佑先生在其著作《香学会典》中,明确提出了"香席"这一称谓。

中国古代关于香文化活动的记载,有"斗香"一词。据《清异录·熏燎·斗香》记载,唐中宗时,宗楚客兄弟、纪处讷、武三思以及皇后韦氏诸亲属等常举办雅会,"各携名香,比试优劣,名曰斗香"。在这里,斗香作为一种文化活动出现在上层社会,侧重于比较香的品质。

在佛教的典籍中,则有"香事"的说法,指焚香的规仪和程序。而香事在诸多《香谱》中,是指有关香的典故和趣闻。

而"香道"一词,则是日本在我国唐宋时期引进香文化后,对其按照日本民族文化和语言特点的命名,并与茶道、花道、剑道一起流行于日本的皇室与贵族中。

以上三种名称,都是香文化在不同地区和行业的称谓。在经过了清朝的文化巨殇之后,中国的香文化逐渐没落,以致国人对香文化的了解仅限于祭祖和佛道的焚香,不能不为之一叹。如今,随着中国经济的发展,日本和我国台湾地区的香文化逐渐回流,我国大陆各地开始兴起各种小范围的品香活动。

对于这些活动,我个人不赞成简单地沿袭日本的"香道"一词。因为该词汇与中国的文化和民族性格,乃至语言习惯都不尽符合。至于那些杜撰出的"中国香道"一词实在不伦不类,令人不敢苟同。而刘良佑先生所明确提出的"香席"这一名称,体现了中国文化的传承和汉语言的习惯特点,我个人对此非常赞同。

刘良佑先生指出，香席是"经过用香工夫之学习、涵养与修持后，而升华为心灵飨宴的一种美感生活，是一种通过'香'做媒介，来进行的文化活动"。

我们可以看出，他对"香席"概念的阐述，虽然还不能说是尽善尽美，但是准确把握了香的文化特点，延续和继承了中华文明的深层次内涵和修为，这是难能可贵的。

因此，我决定将此书定名为——《香席》。

我要感谢成都慧心古芳居香席会馆为本书提供的全套香席表演照片，马晶女士为本书提供的老挝沉香图片，门春宁先生提供的柬埔寨等国的沉香图片，杨智先生提供的沉香树图片，以及众多香友为本书积极提供的世界各地的沉香图片和资料，在此一并感谢。我还要特别感谢好友黄祖明先生，正是由于他的引荐，我开始接触到神秘的香席和极其珍贵的野生沉香，并从此走上研究香文化的道路。

由于本人才疏学浅，错误遗漏之处在所难免，希望专家学者以及香友们不吝赐教，万分感谢。

林灿

2014 年秋 于蔚汕斋

（林灿，原名林和平，四川省作协会员，代表作有长篇小说《猎狐计划》《风雨长歌——蒋介石的青春岁月》）

目　录

第一编　源远流长的香文化

从中华文明诞生的那一刻起，香文化便是其中不可或缺的一部分。它那清远悠长的香味，伴随着我们这个古老的民族，穿越了历史的沧桑，一路走了几千年，至今仍有着令人着迷的神秘和美妙。

一、香文化的起源和发展

1. 先秦时期的香文化

"香之为用从上古矣。"这句话出自北宋宰相丁谓所著的《天香传》。

由此可以得知，中国使用香的历史源远流长，有记载的可以上溯到商周时期。当时，无论是皇室贵胄，还是黎民苍生，都会在祭祀的时候，点燃一些带有香味的植物，以示祭祀的庄严和神圣，并以此与上苍鬼神沟通。据甲骨文记载，在殷商时期，就出现了"手持燃木"的"祡（柴）祭"。而在祭祀时将植物投入燃烧的火中，便是"燎祭"。

这些被大量使用的植物，也被古典书籍记载下来。例如《诗经·国风·卫风》中就有一首诗，名曰《采葛》："彼采葛兮，一日不见，如三月兮！彼采萧兮，一日不见，如三秋兮！彼采艾兮，一日不见，如三岁兮！"这首诗中的"萧"，指的就是有香气的青蒿，古时常用于祭祀。

而"香"字本身，在甲骨文时期，便是"上面燃烧着蒿草，下面一口锅"的象形字。到后来，下面象征锅的"甘"字才演变为"日"字，却仍保留了上面的"禾"字，指代香气来源于植物。

据《香乘》记载："香最多品类，出交广、崖州及海南诸国。然秦汉以前未闻，惟称兰蕙椒桂而已。至汉武奢广，尚书郎奏事者始有含鸡舌香，及诸夷献香种种证异。晋武时，外国贡异香。"这段话应该是关于香料使用发展较为权威的记述，也就是说，从商周时

"香"的甲骨文

期到西汉早期，由于不通东南亚诸国，像沉香这样的名贵香料还没有出现，因此普遍生长于中原大地和楚国的芳香植物占据了香文化的主要位置。这些植物包括青蒿、兰、蕙、椒、桂等有香气的草木。

在西汉之前，人们除了祭祀时使用植物焚烧之外，已经开始佩戴香草或者用之于熏衣物、治疗疾病等。

如屈原在《离骚》中提及"扈江离与辟芷兮，纫秋兰以为佩"，说明春秋时期人们就已经有佩戴芳香植物的习惯。而《山海经》卷二《西山经》也有记载："又西百二十里，曰浮山，多盼水，枳叶而无伤，木虫居之。有草焉，名曰薰草，麻叶而方茎，赤华而黑实，臭如蘪芜，佩之可以已疠。"这便是说佩戴薰草，可以治疗疾病。

随着香文化的发展，熏香用具也随之出现，包括陶、青铜等不同材质的香炉都有发掘。春秋战国时期，就出现了专门用于熏香的香炉。在汉代以前，人们将衣服、被子等放置到竹笼之上，竹笼内再放香炉，香料燃烧的烟雾气息被熏蒸到衣物上。这种熏香的方式一是可以祛虫，二来可增香。由于使用的香草为青蒿、兰、桂等寻常植物，因此逐渐从宫廷流行开来，深受人们的喜爱，最后几乎成为一种家家户户的习俗。

2. 西汉至盛唐时期的香文化

到了汉武帝时期，国力空前强盛，经济高度发展。随着国家权力向南方沿海地区延伸，当时盛产于广东沿海地区和东南亚诸国的香料，开始被作为贡品进入长安的宫廷。春秋时期就已经出现的熏衣、熏香、香浴，在宫廷和士大夫阶层流行开来。从此，香文化进入一个新的阶段，即大量使用南方香料，用料变得讲究起来，香具更加考究，香的品位也得以提升。前面所提到的尚书郎要口含鸡舌香奏事，便是从汉武帝时期开始的。而鸡舌香便是产自东南亚诸国的丁香母，称为古代的"口香糖"，中原地区不产。另外，龙脑香可能也是汉武帝时期进入中国的。据《史记·货殖列传》记载："番禺亦其一都会也，珠玑、犀、玳瑁、果、布之凑。"有学者认为，这里讲的"果、布"，是龙脑香的马来西亚语音译。

此时，被誉为中国香文化的第一个高峰，其标志之一就是博山炉大量使用于熏香。据《西京杂记》记载，长安巧工丁缓善做博山炉。博山炉的雕工极为复杂，整体类似豆形，其盖为镂空雕，有飞禽走兽等图案，象征着中国古代神话传说中的博山，并因此而得名。当炉内熏焚香料，烟气从盖上的空隙升腾而起，极似仙山琼阁。这一时期，制造的香炉形制变得更精巧，样式也更加多样，还出现了可以自由滚动而不影响熏香的熏球，称为"被中香炉"，意思是可以放在被子中使用。这种熏球使用方便，对后世影响很大，出现后便广泛使用于宫廷和富贵人家的起居生活中，比如悬挂熏球于车驾步辇的四角，使得车过之处，处处留香；还有如夫人小姐随身携带，香气经久不散；有的文人士大夫也喜爱佩戴此物。

而另一个标志，就是沉香等名贵香料进入中原地区。《西京杂记》里有关于赵合德爱好熏香的记载，提到赵合德曾送给姐姐赵飞燕一些香料，其中包括"沈木香"，并且"杂熏诸香，一坐此席，余香百日不歇"。在古代，"沈"字通"沉"字，"沈木香"应该就是"沉香"。以上文献记载证明在西汉末期，沉香已经被使用于宫廷的熏香活动中，并且开始将多种香料炮制成合香使用。

东汉时期的杨孚也在《异物志》（又称《南裔异物志》）中写道："木蜜名曰香树，生千岁，根本甚大，先伐僵之，四五岁乃往看，岁月久，树材恶者腐败，唯中节坚直芬香者独在耳。"从这段记载来看，木蜜和海南、越南古代山民伐取沉香的方式一致，可能是中国最早有关沉香的记载。

罗贯中也曾在《三国演义》中写到，东吴攻下荆州，又杀害关羽，孙权为了转移矛盾，祸水外引，便将关羽首级献于曹操。曹操是个重情义的人，为了纪念关羽，便令人用沉香木雕成关羽身躯，同首级一同埋葬。因为沉香木被认为是可以令死者身体不腐的神物，用极其珍贵又如此巨大的沉香木与关羽同葬，实在体现了曹操对关羽的重视，令人感动。

不过在现实中，曹操却是一个简朴的人，并且禁止家人熏香或佩戴香饰。

曹操还有一个关于香的故事。他在临终前，嘱托家人说，自己没有什么金银珠宝，只有些香料给大家分。他还让家人学着做鞋，日后贫困之时，以度时日。这就是"分香卖履"的故事。

《香乘》所记述的尚书郎给皇帝奏事，需要口含鸡舌香，这意味着香的使用被宫廷定为宫廷朝对时的礼仪，而中国自古又是一个极度讲求礼仪的国家，这就将香的使用推上了一个新的层次。

与此同时，随着与西域诸国的交往逐渐增多，产自大秦的苏合香也通过丝绸之路进入中原，被皇室贵胄视为珍宝。苏合香是一种合香，即多种香料通过炼制合在一起，做成丹丸，或者榨出油脂，成为苏合香油。这种苏合香，可能是中国合香的始祖，自有苏合香后，中国才开始有炼制合香的记载。

到了魏晋南北朝时期，道教与佛教兴盛，道士和佛教徒大量使用香料。迷恋炼丹的道士对香有着极大的兴致，他们不仅要求在炼丹时焚香以静心，还以香作为与上天神灵沟通的手段。而佛教本身就极为推崇用香，有"香事"的说法，在印度，人们大量使用香料用于坐禅修炼与礼佛。这一时期，合香开始大量兴起，葛洪、陶弘景都是制香名家。葛洪还提出可以使用"萧"，也就是先秦时期就广泛使用于祭祀的青蒿来治疗疟疾，这对世界医学的发展是一大贡献。

另据魏晋时期的医学名著《名医别录·上品卷第一·沉香》记载，沉香可以"疗风水毒肿，去恶气"，性"微温"。就目前已了解的资料看，这是中国古典文献中有关沉香的首次明确记载。

魏晋时期的社会风气还有两个特点：一是巨室豪门攀比斗富的风气令人瞠目结舌，奢靡之风盛行，以珍贵的域外香料炫富，已经到了穷奢极欲的地步；二是文人士大夫以淡泊宁静、修身养性为个人操守。但这两个社会阶层都有一个共同爱好，那就是香。

奢侈巨富的典型代表就是西晋的石崇，他不仅令丫鬟将沉香粉末撒在象牙床上，看谁走过去不留脚印，还用沉香熏焚自家的厕所，弄得客人误以为进了内室。而笃信佛教的梁武帝，在505年下令用沉香祭天，用上和香祭地，并写下"卢家兰室桂为梁，中有郁金苏合香"的诗句。

魏晋时期的文人士大夫则偏好香的素雅和孤独高贵的气质，并写出"燎薰炉兮炳明烛，酌桂酒兮扬清曲"等诗句，表现了魏晋文人的清高脱俗与淡泊宁静。同时，南朝宋史学家、文学家范晔还写下了《和香方》，可惜如今只留下其《和香方序》。他在这篇文章中用有一定危害的麝香比喻同朝为官的庾悕之，用气味平和的沉香自喻。

此时，关于沉香的记载大量出现。据唐代段公路所著《北户录》记载："唯《交州异物志》曰：'密香，欲取先断其根，经年，外皮烂，中心及节坚黑者置水中则沉，是谓沉香；次有置水中不沉，与水面平者名栈香；其最小粗者，名曰桟香。'佛经所谓沉水者也。又，《南越志》谓之香木出日南也。"
由于东汉杨孚所著的《异物志》对中国古代的地理游记、植物志考等影响巨大，
题为"异物志"的书籍非常多，所以，这里所提到的《交州异物志》，是否
是杨孚所著的《异物志》不得而知，但可以肯定的是，这段记载也从侧面证
明在魏晋时期，人们对于沉香有了更为深刻的认识。段公路在书中记载的这
段话，区分了水沉、栈香和桟香，也就为后世的沉香细分奠定了基准。《北
户录》还记载了大量的奇珍异宝，其中包括了产自骠国（伊洛瓦底江流域佛
教古国）的艾纳，产自大秦的迷迭等香料，并且明确说沉香是经过腐败后所
产生的能沉于水的树干部分，这可谓是相当准确的记载。

魏晋时期王公贵族奢侈用香的风气，一直延续到了隋炀帝时期。每到除
夕夜，这个中国历史上著名的淫奢帝王便命人焚烧沉香，竟以车计量，使得
整个皇宫彻夜香气袭人。

短暂的隋朝在此起彼伏的战争中轰然倒塌，继之而起的唐朝则进入了中
国历史上的又一个黄金时代，香文化也随之丰富多彩起来，这大概是得益于
唐朝的开放。通过海上丝绸之路和陆上丝绸之路，产自阿拉伯半岛、东非的
香料被源源不断地运到长安，比如波斯人的安息香，大秦人的苏合香、蔷薇水，
东非麻罗拔的乳香，甚至出现了产自阿拉伯海域极其珍贵的龙涎香（在当时
被称为"阿末香"）。东南亚诸国的香料也整船整船地运至广东沿海，比如越
南、真腊、暹罗、爪哇的龙脑香、沉香、鸡舌香等。可以想象，整个长安的
富贵人家都沉浸在对香的喜爱和品鉴之中。就在这一时期，产生了"斗香"。
唐朝宫廷还专门设立了尚药局，掌管香药，服务于皇室。

繁荣强盛的唐朝，还吸引了日本不断派遣留学生来学习中原的文化，同
时也有很多中土人士将文化带去日本，比如鉴真，他东渡不仅带去大量的
佛经，还带了很多医书和香药，有确切记载的如：麝香二十脐，沈香、甲
香、甘松香、龙脑香、胆唐香、安息香、栈香、零陵香、青木香、熏陆香都
有六百余斤。这里记载的"沈香"，便是沉香。这些香药被鉴真带到日本后，
都被视为国宝，对日本香道的兴起和发展起到了重要作用。

《北户录》还记载："香皮纸，罗州为栈香，树身如柜柳……皮堪捣纸，
土人号为香皮纸，小不及桑根竹膜纸、松皮纸、侧理纸也。"这里的罗州在
当时属于广东管辖范围，而栈香则是较沉香低一等级的香木，都是瑞香科树
木产出的香。这种香皮纸正是用瑞香科树木的树皮所造出的纸张。

3. 宋代及后世的香文化

产自越南等东南亚诸国的沉香，在当地也属于不易得的稀罕之物，通过朝贡体系和香料贸易来到中原，经过汉、魏晋南北朝、隋、唐近千年的奢靡浪费，自然日渐稀少。到了宋代，沉香价格已极其昂贵，被誉为"一片万钱"。和以前的浪费奢侈不同的是，宋代的文人开始流行以少量的沉香焚烧或烘烤，来品鉴沉香之美，这也是现代沉香文化的雏形。节俭和雅致，是宋代香文化的特点，这和宋代讲求素雅的社会审美倾向是相辅相成的。

也正是在宋代，出现了许多有关香文化的专著，如丁谓的《天香传》、陈敬的《陈氏香谱》、洪刍的《香谱》、叶庭珪的《香录》等。这意味着人们对香文化的研究进入了成体系的时代，并且硕果累累。正是在这种情况下，中国的香文化进入第二个高峰时期，也就是从宋代开始，真正文化意义上的香席才得以出现。

谚语云："烧香点茶，挂画插花，四般闲事，不宜累家。"这是宋代吴自牧在《梦粱录》中所记载的。有意思的是，烧香和点茶、挂画、花艺一起被当时的杭州社会认为是四件闲事，而且这四件事最好不要劳累自己，要请专门的香药局的差役来办，这样"不致失节，省主者之劳也"。既然已有谚语流行，足以说明香文化活动在当时的杭州城是已相当普及。

吴自牧（生卒年不详）是南宋时期人，他生平坎坷，经历波折，颇有此生经过黄粱一梦之感慨，在《梦粱录序》中说："缅怀往事，殆犹梦也，名曰《梦粱录》云。"这本书详细地记录了南宋时期杭州方方面面的情况，从庙会到各节日祭祀，从科举解闱的官场规仪到除夕冬至的民间习俗，从街道小桥的城市布局到宫廷衙门设置，还详尽记载了当时的街市小吃和各种民间职业，可谓一本难得的社会百科全书，成为研究南宋社会的权威资料。在这部书里，所提到的香药局是宋代四司六局之一，掌管着龙涎、沈脑、清和、清福异香、香垒、香炉、香球。除了官方的香药局外，杭州城里还有专门的经营香药香料的香铺，且有专门着装——"香铺人顶帽披背子"。在茶楼酒店，有专门烧香卖香药的，叫"厮波"。其中的《诸色杂货》一文中记载："且如供香印盘者，各管定铺席人家，每日印香而去，遇月支请香钱而已。"这是说在当时有专门的职业是每天上门为客户印香。而所谓"印香"，又称为"篆香"，是用木刻镂空而成的篆文图案，将香粉压制成连笔而成的图案，或者是莲花形状，或者是"寿"字的篆体，等等。而这种印香所使用的木质模具叫作"香篆"。这段文字也是宋代已经形成现代意义上的香席文化的有力证据，其中的"供香印盘者"，应视作现代香席师的先辈，当香席文化传到日本后，"供香印盘者"便成为日本香道师的先祖。

宋自立国以来，皇室为了防止唐末五代时期形成的武将专权割据之患，实行重文抑武的政策，这样就使得宋代的文化繁荣起来，文人也获得了较高的社会地位。这时，出现了关于香文化的文学创作高潮。黄庭坚就自称"香痴"，写出许多关于香的优美诗词，如："百炼香螺沈水，宝薰近出江南。一穟黄云绕几，深禅想对同参。"他在诗中将焚香与参禅联系起来，升华了品香的格调和意义，对人生的感悟更加空灵和深邃。这位"香痴"，经过多年的品香，总结出"品香十德"，也就是香的高贵品格，为感格鬼神、清净身心、能拂污秽、能觉睡眠、静中成友、尘里偷闲、多而不厌、寡而为足、久藏不朽、常用无碍。"品香十德"对日本香道影响极大，为后世香学界所津津乐道，并且，黄庭坚还是《香谱》作者洪刍的舅舅，洪刍正是在他的影响下走上了研究香学的道路。

另一个大文豪苏轼也是有名的爱香之人，他在《和黄鲁直烧香二首》一诗中写道："四句烧香偈子，随香遍满东南。不是闻思所及，且令鼻观先参。"苏轼在诗中所说的"鼻观"，是宋代文人对用鼻子去品闻焚香所产生出的香气之雅称，由此可见宋代文人对香文化的喜好程度和品鉴水准。苏轼曾经被下放到海南岛，生活困苦，但他经常利用空闲时间上山采药，这给他提供了近距离观察海南沉香——崖香的宝贵机会。他在《沉香山子赋》中说"矧儋崖之异产，实超然而不群"，这说明苏轼对产自海南岛的沉香评价极高，认为是最好的沉香。这和著名香学大师丁谓的观点是一致的。

丁谓，宋真宗年间出任宰辅，在历史上是一个争议颇多的人，但正是他在《天香传》中确立了沉香的各个品级和海南崖香的至高地位。他早年在福建任转运使时"以香入茶"，将少量的龙脑等香料加入北苑贡茶，以增加贡茶的香味。后来，他被召进宫中参与政事，接触到更多的珍稀香料，使他对香料有了更全面透彻的了解。宋乾兴元年（1022年），丁谓在政治上失势，被贬海南任崖州司户参军，这使他得以有机会实地了解海南崖香。在他谪守崖州时期，每天寄情于海南丰富的奇花异草，钟情于海南沉香，以其深厚的香学造诣和文学造诣，写下了名垂青史的《天香传》。《天香传》提出对沉香香味的品鉴应以"清远深长"为标准，"其烟杳杳，若引东溟，浓腴湆湆，如练凝漆，芳馨之气，特久益佳"；并认为海南沉香的品质应是沉香之首，"黎母山酋之，四部境域，皆枕山麓，香多出此山，甲于天下"。丁谓对于海南沉香的观点奠定了后世香学的基础，对香学有着极为重要的影响。

丁谓还在《天香传》中写道："香之类有四：曰沉、曰栈、曰生结、曰黄熟。"这是对唐代段公路在《北户录》中关于沉香分为"水沉、栈香、榠香"的进一步完善，至今仍是沉香细分的标准。丁谓认为，沉是指能沉水的沉香，品质最好；栈香是大半能没入水中，品质比沉水香差一些；生结是不等香成熟就采伐下来的香；黄熟香是材质轻虚、腐朽的栈香。如果是生结的沉香，那么其品质和栈香相当；如果是生结的栈香，那么其品质与黄熟香相当。这就意味着，熟香的品质始终优于生香。

以丁谓对中国香文化的贡献，以及他对沉香的品鉴水准，完全有资格被誉为"香圣"。

可以说，现代香席的品香之法和鉴赏就是在丁谓、黄庭坚、苏轼、陈敬等一大批宋代学者文人的研究之上，发展沿袭至今的。并且，香席的意义以坚持宋代的美学感悟为荣，追求香的清远深长，以香入道，以香来感悟与修炼，以香来进行内心的修持与涵养。这正是香席的价值所在，也是其在中华文明发展史上的文化价值所在。

由于宋代的瓷器烧制技术达到巅峰，品香活动便基本不再用青铜香炉，而是以造型简约、素雅的瓷香炉为主，不论是官、哥、定、汝等官窑，还是民窑，都有大量色彩淡雅、小巧别致的香炉，广泛应用于宫廷与民间。同时，与香有关的香囊、香球、香粉等等，都有专门的商铺在经营。辛弃疾在词中所说"宝马雕车香满路"，并非妄言，而是对那个时代市井生活的真实写照，因为富贵人家的马车轿子都在前后挂有香球熏香，整个社会也有熏香的爱好。这些都意味着香已经进入了平常百姓的日常生活，使宋代香文化达到了历史上的第二个巅峰时期。

文明高度发达的宋代，却在军事上相对弱小，自建国便一直不得不面对辽、金、西夏、蒙古的军事侵略和袭扰。在这不断的边患中，靖康之耻终结了北宋，南宋最终也不敌蒙古人的铁骑。从此中华文明进入了衰退期，香文化也随之受到影响。

不过，郑和下西洋与宣德炉问世这两件事，却使中国香文化发出了一抹璀璨的余晖。郑和率领的庞大舰队，从苏州的刘家港出发，一路经过占城、爪哇、暹罗、马六甲、苏门答腊、锡兰和印度，最远一次竟然经由阿拉伯南岸远航到东非沿海的摩加迪沙、布腊瓦、马林迪。每次的远航，都用中国的瓷器、茶叶和丝绸换得数量巨大的香料，如沉香、檀香、乳香、龙脑、龙涎香、安息香、苏合香等等，这些香料除了供应大明皇室的日常用度，也使香文化在明代的士大夫阶层得以延续。而宣德炉的问世，意味着中国金属香炉的最高水准，使得香文化发展到一个新的高度。

在明代，东莞地区由于香料贸易繁荣，更以莞香种植闻名于全国，有专门的"香市"，成为沉香种植和香料贸易的集散地。当时属于东莞地区的香港，其地名便是因莞香而得名，意为"莞香之港"。

到了清代，由于沉香等名贵香料的日渐稀少，基本没有了隋唐时期一夜焚烧百车之奢靡浪费之举。除了东莞地区家家户户珍藏莞香，还保留着女孩子佩戴香囊的风俗之外，其他地区基本上很难见到沉香。

不过，清代的文学作品中却不乏香的踪影。如袁枚、纳兰性德、曹雪芹都在自己的作品中写到了各种香和对香的喜爱。例如在《红楼梦》中，薛宝钗所服的冷香丸就是一种合香。

当第一次鸦片战争爆发后，英国人以武力攻入中国，古老的帝国被震动，中华文明在步履蹒跚之中不得不走入近代社会。中国遇千年未遇之变局，国运如此，香文化遭受重创已在所难免。随后而来的近百年残酷的战火最终将香文化彻底毁灭，导致中华文明香文化的缺位，以至于今人对于香席几乎闻所未闻。

香文化是中华文明重要的一部分，是不可或缺的。值得庆幸的是，今天爱好香文化的朋友越来越多，香文化也得到了社会越来越多的关注。在有识之士和香学专家的努力下，今天的香学界正从传承了香席精髓的日本香道里，从浩若烟海的古籍中，从世界各地的深山里，去寻找并恢复中国香文化的传承，终于使得香席——这一体现中华文明精神的文化活动，得以在神州大地重见天日。

此乃当代一大幸事。

二、香文化的故事

1. 西域奇香治瘟疫

汉武帝时期的大汉朝，国力强盛，威名远播。随着张骞出使西域，匈奴北遁，丝绸之路逐渐繁荣起来。来自波斯、大食等中亚各国的客商，甚至更远的大秦国商队坐着骆驼，带着各种西域奇珍异宝，伴随着悠扬的驼铃和一身的风尘，缓缓进入汉朝的都城——长安。

中原王朝的繁荣与富庶，令这些客商如进入梦幻世界一般。他们带着近乎虔诚般的尊敬，希望能见到大汉皇帝刘彻——汉武帝。可是，处于深宫、威严无比的帝王不是谁都能见的。除非，谁能献上能引起皇帝兴趣的珍宝，才有可能一睹龙颜，甚至还可能获得丰厚的赏赐。要知道，大汉帝国在这方面从不吝啬。

有一个来自弱水以西地区的商人，历经千辛万苦，终于到达长安城，在疏通了层层关系后，终于见到了汉武帝。这位商人听说汉武帝喜欢香物，就准备了他们国家的一种奇特的香料。

"陛下，为表达我对陛下的尊敬，我特意带来我国特有的香料。"商人说。

汉武帝很喜欢香料，但他已经见过无数西域奇香，加上连日操劳国事，这天有些打不起精神。只见商人献上的是三颗香，形状和枣子差不多。汉武帝拿起看了看，心中有些失望，便随口慰藉两句，挥手让商人退下。商人还欲言，却被宦官拦住，只得无奈退下。

多日后，长安城突然出现瘟疫，很快就有许多人染病死去。这可急坏了朝廷上下，就连太医拿出的方子也无济于事。死去的人一天天增多，汉武帝也甚是焦虑。没想到，那个西域商人又来求见，并称有治疗良策。汉武帝一听，连忙召见。

"陛下，可曾记得小人过去所献之香？"商人说。

"现在快说你有何治病之策才是正事，哪管得了什么香啊！"汉武帝急得有些生气了。

"那三枚奇香，正是治疗瘟疫之良药。只要陛下命人焚烧一枚便可祛除长安城的疫病。"商人又说。

汉武帝大惊，虽然不大相信，但事到如今只能死马当作活马医，试试看再说。当即命人取出其中一枚香，以错金香炉焚烧。顿时，整个皇宫中弥漫着浓浓的奇香，味道很独特，闻之让人顿觉头脑清醒，心气爽快，一解多日郁积之气。第二天，宫中有患疫病者，全部好转。此香的确神奇，其香味不仅传遍宫中，竟然还传遍整个长安城。这香气多日不散，实在令人称奇。那些染有疫病的百姓闻了这香气，都慢慢好转，逐渐康复，长安城又恢复了昔日的繁华和生气。汉武帝见此香甚是神奇，高兴之余，便重赏献香的商人，当此人回国之时，还令人专程为其饯行。

由于历史资料的缺失，无法得知此香名字，但由此可见，香料自古就和医学有着密切的联系。

2. 香梦难觅李夫人

在中国古代，和香文化最有缘的帝王可能就数汉武帝了。也正因为他喜欢香，所以他当政期间，正是各国香料陆续进入中原的肇始。很多迹象表明，他对香的喜好，可能与他想求仙长生有关。

有一次，汉武帝觉得自己修炼到了一定境界，可以和王母娘娘见见面，便让宫中宦官们打扫宫殿，铺设如云彩一般华丽的丝绸锦帐，燃起百和之香，用这样的规格来迎接传说中的西王母驾临，与他相会。

不过，这毕竟是汉武帝的一时兴起，那位美貌温柔的李夫人才是他的至爱。这位李夫人是倡优出身，擅长歌舞，天生丽质，"倾国倾城"一词就是指的李夫人。她在被召入宫中后，被汉武帝封为在当时地位仅次于皇后的夫人，备受宠爱。但这位美人入宫几年后便染病去世。汉武帝极为思念她，便找来东方朔问计。东方朔对奇门遁甲、沟通鬼神之术极为精通，为使汉武帝能再见李夫人一面，便献出一支怀梦草，并焚烧各种香料，使得汉武帝在睡梦中与李夫人相遇。但阴阳两隔，生死茫茫，这位多情的汉武帝终不能再见到李夫人。

这个记载于古书里的故事，也许并非杜撰。因为西域所献之香，有的含有催情的成分，自然也不排除有的西域香料有迷幻的成分。如果含有迷幻成分，一旦配合灯光、飘动的帷帐，以及过去的熟悉的环境，完全有可能会使汉武帝进入梦幻状态。况且，东方朔所献之草，名曰怀梦草，可能有帮助睡眠的作用。

不管真实的历史是怎样的，有一点是毫无疑问的，那就是汉武帝时期，整个大汉王朝已经大量地使用香料，使得香文化成为中华文明不可或缺的一部分。

3. 班固受托买苏合香

在东汉时期，产自大秦的苏合香通过西域的商旅驼队被贩运到长安，很快被宫廷和贵戚所喜爱，成为争相收藏的宝物，并成为时尚。虽然当时丝绸之路贸易繁荣，但苏合香经过波斯、中亚这样的长途贩运，而且各地对途经的商旅都课以重税，因此当苏合香到了长安已是非常昂贵且不易得。

在这种情况下，朝中上下都对西域奇珍争相购买，成为富贵之极的标志。在此风气之下，著名史学家班固也未能免俗。一次，大将军窦宪便托班固购买苏合香。他让班固去办的事情，班固自然不敢怠慢。但这苏合香属稀罕之物。对于普通官员来说，极难寻得。所幸的是，班固有个出任西域都护的弟弟——班超。于是，他修书一封，对弟弟说，大将军窦宪托付他办件事，给了他七百匹杂彩、三百匹白素，想换月氏马和苏合香。这窦宪乃当朝权臣，是外戚势力中的头面人物，并且执掌兵权。班超见信也不敢怠慢，便忙着张罗置办。班超当时对平定西域有重大贡献，并且全力支持中原与西域的经济交流，维护丝绸之路的畅通，因此被来往的各地客商所尊敬，加上权职所在，管理着西域，换得苏合香倒也不是难事。有这样的弟弟，班固自然能换得珍贵的苏合香献于窦宪。

可叹的是，多年后窦宪谋逆败露，班固也跟着受了牵连被捕入狱，并死于狱中。至于被罗织的罪名中，有没有帮着窦宪购买西域奇珍——苏合香这一条，就不得而知了。

4.乃存被赐鸡舌香

汉桓帝时期，侍中乃存年老口臭，每次向皇帝奏事时，总是让汉桓帝感觉不舒服。但鉴于乃存忠心耿耿，汉桓帝也不便直言。一天，乃存又向汉桓帝奏事。汉桓帝想出一个主意，当即微微一笑，让宦官赐给他一些鸡舌香，让他含在嘴里。这鸡舌香是产自南海诸国的母丁香，当时全靠朝贡贸易运至中原，只限于宫廷使用。乃存没见过鸡舌香，不知为何物，更没想到皇帝要他口含鸡舌香的原因。而且，这鸡舌香含在嘴里，有些辛辣的感觉。乃存以为是自己触怒龙颜，被赐以毒药，吓得惶恐不安。等下朝回家之后，乃存老泪纵横地与家人道别。家人皆大惊失色，不知所措，顿时客堂之内一片号啕之声。等到哭得差不多了，家人才想起问皇帝突然赐死所为何事。可乃存哪知道啊！哽咽之间，家人发现乃存嘴里发出阵阵香气，与往日大为不同，便问他嘴里含的究竟是何物，为何有阵阵香气。乃存疑惑之间，也察觉气息与往日不同，口舌之间虽有辛辣之味，但口含这么久，却没有中毒迹象，反而有阵阵香气。猛然间，他想起早在汉武帝时期，宫中就有尚书郎口含鸡舌香奏事的规矩，这才恍然大悟汉桓帝的良苦用心，不禁破涕为笑，索性将鸡舌香嚼了咽下，心中顿觉豁然开朗。家人也放下心来，大笑不止。

原来，鸡舌香有生津、祛口臭的功效，在古代一直被作为"口香糖"用，只是数量稀少，仅有宫廷与富贵人家才可以服用。

5. 荀彧留香

在《三国演义》里，曹操有个能谋善断的军师——尚书令荀彧，他经常帮助曹操出谋划策，很是了得。这个荀彧，在历史上是个真实人物，他还有一个非常有名的故事，叫作"荀令过处，三日留香"。话说这个荀彧，长得是一表人才，风流倜傥，而且才华横溢。一次，这位大才子到朋友家去做客，谈天说地指点江山之后，告辞而去。这位朋友在荀彧走后，一直能闻到屋里有种香气，清雅高贵，沁人心脾。疑惑之间，他便细寻香气所发何处，找来找去，最后确定是荀彧所坐之处，还留得这阵阵清香，甚至几天后都还能闻到。消息一传开，大家纷纷赞叹不已，荀彧留香果然名不虚传。有好事之人还将荀彧与潘安相提并论，说是"荀彧留香，潘安掷果"，将此句话用来形容普天之下的英俊男子。

这个荀彧肯定不是什么自带体香，而是在东汉末期，香料已经进入士大夫阶层，用于熏香和佩戴香囊。这些香料很多是从东南亚诸国朝贡过来的沉香。而沉香用于熏衣，衣服会留存沉香的淡雅幽香，具有一定的持久性。这样一来，荀彧所坐之处三日留香恐非妄言。

6. 韩寿偷香

三国后期，魏国有个叫贾充的高官，追随司马家族颠覆了魏家天下，并带兵弑杀了魏帝曹髦，被天下人所厌恶。但这个贾充却也和香有缘。

当时，宫廷上层已经开始使用来自东南亚诸国与西域的香料，并常常赏赐给有功劳的大臣。贾充帮司马昭登上帝位，可谓功勋卓著，自然得到了司马昭赏赐——西域香料。这个贾充除了有个著名的丑女儿贾南风当上皇后外，还有一个小女儿——贾午，皇帝赏赐给他的香料便给了这个宝贝女儿。贾午自幼深受贾充宠爱，性格外向泼辣，甚至可以说是自由奔放。虽说当时的社会风气并不像宋明理学要求的那样，要恪守妇道，要三从四德，但也还是男女有别的。贾午不管这些，每当他父亲在家召集众人开会时，她便推窗打望，一次就发现了英俊的韩寿。从此，贾午的心里便只有韩寿了。

天不怕地不怕的贾午，实在忍不住爱情的煎熬，便派丫鬟去找韩寿，明确表达了爱慕之情。这个韩寿一看是贾充的女儿来追求自己，这岂不是富贵从天而降吗？当即便应了。贾家的围墙从此常常留下韩寿的脚印，两人经常半夜偷偷相会，到天亮韩寿才离开。

天下没有不透风的墙。泄密的就是贾午身上所带的香料。这种香料香气独特，并且持久不散。一次，在贾家的宴会上，与韩寿比邻而坐的朋友就好奇地问韩寿，他身上的香气是什么香料所发出的。贾充这才发现，韩寿身上的香气肯定是女儿的香料所发之气。因为这种香料，司马昭只赐给了他和陈骞。

一切尽在不言中。不动声色的贾充等宴会之后，找来宝贝女儿一问，便知道两人已私订终身，便成全了这段姻缘。这故事就是"韩寿偷香"。

7. 石崇炫富

据《世说新语》记载，西晋时期著名的富豪石崇喜欢炫富，只要是能证明自己阔气富有的宝贝，他都要拥有，并且以奢靡浪费为炫富的方式。这些宝贝之中，必然少不了当时极为珍贵的南海贡品——沉香。

石崇喜欢大摆宴席，山珍海味、玉液琼浆自然是少不了的。但这些其他的权贵家也有，比这些显不出他的富有。所以，石崇将他家的厕所装修得极为奢华，一直用甲煎粉、沉香汁祛除异味，并且让十多个颇有姿色的婢女在一旁伺候。如果有客人上完厕所，这些婢女就将客人原先的衣服脱下，换上熏过沉香的新衣服，才能再次入席饮酒。一个叫刘寔的官员，见到石崇家厕所这气势，以为误进内室，连忙退了出来。石崇得知后，虚荣心极为满足，大笑着对刘寔说，这不过是他家的厕所，不是什么内室。这等于是在告诉所有的人，他家的厕所都如此奢华，那内室还不知道会有多富丽堂皇呢！

可是，这样一来，很多客人都不好意思去上他家的厕所，那个刘寔也连说自己是贫苦出身，不能如此享受，遂去别处上厕所。

如此豪奢的石崇，财富堪比整个晋王朝，连皇帝都没法与他斗富，这不禁让人疑惑不解。石崇如何能有如此多的奇珍异宝呢？对于石崇的财富来源，古籍上没有明确的记载，但却在只言片语间露出了踪迹。原来此人在任刺史期间，有杀人掠货的嫌疑，尤其是对于过往的外国客商，更是索取无度。他通过各种手段，或强索财物，或明抢暗夺，谋取了大量的域外珍玩。这些域外珍品到皇帝那儿的时候，已经是石崇挑剩下的了。因此，他家能用沉香去洒在厕所里，也就不足为奇。

8. 沉香床

《异苑》上记载了一个关于沉香床的故事，只是故事没有芳香和浪漫，只有血淋淋的仇恨。

骄奢淫逸的西晋王朝到晋怀帝时期，已是风雨飘摇，到处兵荒马乱，危机四起。在匈奴攻破帝都洛阳，掳走怀帝后，曾经强大的西晋轰然倒塌。随后，中原大地一片混乱，到处都是残酷的杀戮和兵乱，民不聊生，赤地千里。中原的豪强贵族、门阀富贾不得不舍弃家园，随晋元帝南渡，建都于建康，史称"永嘉之乱，衣冠南渡"。

南渡之后的中原人士，有些不适应江南的气候，很多人得了脚病，而太医们个个束手无策。有个叫法存的僧人，是岭外人士。他精通医术，谙熟药性，此时正四处悬壶济世，救治苍生。法存见那么多人得了脚病，便开出药方，不多时就治好了这些人的脚病。

法存治好了这么多人，这些人也真心感谢他，从此多有来往。这一来二往，法存和这些豪门富贾就熟悉起来。一次，有人和法存品茶之时，无意之中聊到当年洛阳皇宫的域外奇珍，以及石崇等人的奢华，感叹不已。尤其是石崇用沉香末洒在床上，让婢女从上面走过，不留脚印的便给予赏赐，这件事让法存也惊叹不已。

见对方已是好友，法存便说起自己也收藏有一件宝贝——八尺沉香床。来人不敢相信，一个僧人竟然有沉香这等南海珍品奇香，而且还用沉香做成八尺沉香床。这如何了得，就算当年曹孟德为祭奠忠义的关羽，也只是用沉香雕了身躯下葬。

见来人不信，法存微微一笑，将其领入内室。这八尺沉香床还真的有，并且法存天天睡着呢。

来人回去之后，茶余饭后常将这八尺沉香床讲给众人听，常听得大家目瞪口呆。

所谓说者无意，听者有心，这八尺沉香床的传奇很快传到了一个人的耳朵里。此人姓王，名劭，是刺史王淡的儿子。这家伙可不是善类，而是个吃喝玩乐、遛鸟逗狗的纨绔子弟。他听说法存竟有这等宝贝，心里很是羡慕，非要将八尺沉香床弄到自己手上不可。

这王劭先后两次上门要买，法存肯定不愿意。双方言语之间，便结下了仇怨。王劭见法存不愿意卖给他，恼恨之下，便动用了他爹的势力，告了法存一个罪名，将其害死，霸占了沉香床。

可怜僧人法存，何必执着于世间的享受，遭受如此残害。谋财害命的王劭，整天享受着沉香床，没过多久便染上重病一命呜呼。坊间之人说这是法存的冤魂作祟，将王劭拉去了阴间索命。

这可能便是因果循环吧。

另据《香乘》记载，安禄山也有一张檀香床。他也不是有福消受此等天物之人，后被自己的大儿子唆使宦官刺死。

以笔者之见，沉、檀、龙、麝这些香料，本是天地间的奇珍异宝，人们应对其抱有敬畏珍爱之心，而不可有亵渎之意，这才是玩香之人应该有的品德。

9. 流香渠

东晋时期的王嘉在《拾遗记》中记录了这么一段往事：

汉灵帝熹平三年，西域有人敬献了一种香料，叫茵墀香。这种香是一种非常好的香药，用来煎熬，服用后可以治疗疠病。

当时宫中并没有流行病爆发，都城也无疠病。因此，汉灵帝便将茵墀香赏赐给后宫的嫔妃们。嫔妃们获得至宝，欣喜不已，为得汉灵帝宠幸，便用此香煮水沐浴。果然，浴后身体散发着阵阵幽香，嗅之沁人心脾，使得龙颜大悦。这些沐浴用过的水，宫女们将其倒入沟渠之中，流到宫外，就连附近路过的人都能闻到水中散发出的香味，因此人们将这条沟称为"流香渠"。

虽然这段故事有奢淫浪费之嫌，但却不乏个中情调。香，本就是奢侈品，从古至今都是，犹如云中仙子，不肯轻易下到凡间，偶尔落入凡尘，便会成就一段美丽的传说。这茵墀香便成就了流香渠的故事，与宫廷的美丽女子一道，永远地留在中国的历史传说和香文化之中。

10. 瑞龙脑

唐朝天宝年间，越南进贡的龙脑香形状像蚕一样，使臣称之为瑞龙脑。唐玄宗甚是喜爱这种龙脑香，将此香赐予杨贵妃十枚。杨贵妃将这种瑞龙脑佩戴在衣服上，十步之外都能闻到香味。

一天，唐玄宗与别人下棋之时，让乐工贺怀智在一旁弹奏琵琶，杨贵妃则站于左右。一阵微风将杨贵妃所佩戴的领巾吹落到贺怀智的头巾上。过了很久，贺怀智转身时才发现头上的领巾，于是还给贵妃。等回家后，贺怀智发觉自己满身芳香异常，细细一察竟是头巾所发出的香气。他这才回想起白天弹琵琶时的一幕，明白定是贵妃的领巾有这种香气，不想此香竟能传至自己的头巾上，不禁连连称奇。于是，贺怀智小心翼翼地将头巾放于锦囊之中，小心保存。

后安史之乱，杨贵妃在随唐玄宗入蜀避难之时，被赐死于马嵬坡。待长安光复，唐玄宗还朝，时常想起贵妃往日之种种娇媚体贴，百般恩爱，恍如隔世一般思念不已。这一切被贺怀智看在眼里，便献出了所藏之头巾。

唐玄宗拿起头巾一闻，顿觉贵妃如在眼前。等贺怀智奏明前因后果，唐玄宗不禁一叹："此乃瑞龙脑香也。"

只是龙脑香尚存，却不见佳人。

11. 万金难求古龙涎

蔡绦在《铁围山丛谈》中记载了一个关于龙涎香的故事。

北宋政和年间，酷爱奇珍的宋徽宗有一次去检查奉辰库，太监们一样样搬出库存的宝物请他过目。当一个太监拿出一个像石头一样的白色间杂有灰色的东西时，翻遍存册都没找到此物的记载，太监们也不知道是何物。宋徽宗对艺术品和文玩具有极高的造诣和鉴赏力，可他也没见过此物。但他明白，凡是奉辰库里的东西，必然不是平常之物，一般都是各地甚至是海外朝贡来的奇珍异宝。他接过来左看右看，又凑近仔细闻了闻，感觉隐隐有股香味。宋徽宗仔细思量了一下，估计此宝物必定不凡，便命人拿来焚香用的炭火，微微烤之。刹那间，整个库房充斥着一股奇香，一种从来没有闻过的香味，浓烈而持久。宋徽宗这才明白，此物便是极其珍贵的，从大食国舶来之香——龙涎，遂将此香定名为"古龙涎"，以示珍爱，并立即传令，收回全部赏赐出去的这种香料。

这消息一出，整个朝廷上下都在谈论着古龙涎之奇，争相求购这种古龙涎，价格达到了一小块一百缗。按宋代的币制，一缗为一千文铜钱，十缗等于一两黄金，而百缗则为十两黄金。可见古龙涎在宋代就已是非常昂贵之物了。

这些达官贵人一旦购得龙涎，便用金玉镶嵌，再用青丝穿起来，戴在脖子上，以之为尊，并经常取出用手抚摸互相攀比。这样的风气传到民间，便成为佩香，只是平民佩香不可能为古龙涎这种档次的香料。只是，与春秋战国时期将香囊佩挂在腰间不同，宋代开始将香佩戴在脖子上，这种佩香便是从佩戴古龙涎开始的。

12. 旃檀鼓

《酉阳杂俎》上记载了一则很有意思的故事。

古时候，在于阗国（今新疆和田地区）都城有一条大河，河水清澈，整日奔流不息，灌溉着整个于阗国的农田，可谓母亲河、生命河。突然有一天，河水竟然断流了。这可苦坏了于阗国的百姓，没有河水的滋润，庄稼会被太阳烤焦的。这也吓坏了国王，忙召集群臣问策，可大家都面面相觑，束手无策。无奈之下，国王便问罗洪僧，究竟是何原因才使得大河突然断流。罗洪僧说，这是龙王所为。

既然如此，于阗国王便大摆牲祭，焚香拜祭龙王。不一会儿，一个白衣女子出现在水面上，竟然踏浪而来，对于阗国王拜过礼后说："我的丈夫死了，我想和于阗国的一个大臣结为夫妻，百年好合，这样河水就会恢复如常，奔流不息。"

于阗国王大惊。天下竟有这等奇事，河中的神仙没了夫君，竟然找他于阗国要大臣结婚，为此还不惜截断河流，这样的神仙可不敢得罪。于是，于阗国王便要众大臣拿主意。等他将情况一说，一位年轻帅气的大臣便说："为国为家，臣要赴河中与河仙成亲，以挽救社稷苍生。"

于阗国王大喜，当即大赏大臣。在择了黄道吉日后，全都城的百姓敲锣打鼓，夹道相送，为这个勇敢的大臣送亲。大臣坐在一匹白马拉着的马车上，好不威风，显得英气逼人。

只见那大臣驾着马车径自驶入河中，却久久不落下水，而是在水面上奔驰。到了大河中间，马车才没入水中。这勇敢的大臣也就入了水中，与河仙成了亲。

过了一阵子，那匹白马突然又浮出水面，一直游回岸边。令人感到意外的是，白马还驮回了一个鼓，上面写着"旃檀鼓"，还有一卷书，书上写着，将旃檀鼓放在都城的东南，如果有外敌入侵，此鼓就会自动敲响。

后来，有敌军威胁于阗国，旃檀鼓果然自动敲响，声音响彻整个于阗国。

这旃檀，就是佛家对檀香的尊称。

三、香料与医学

古往今来，中医所用药材最主要的原料是植物。从上古时代神农尝百草，到孙思邈写《千金方》，李时珍著《本草纲目》，一代代的中医逐渐掌握了各种植物的药理和毒性，将其用于医学治疗中。

例如，在屈原生活的时代，人们大多有佩戴香草的习惯，这主要是为了防止南方地区的疠疫，另外起辟邪的作用。古代的南方，山区常有瘴气、蚊虫，使用香草可以驱蚊虫，清新空气。古时候，人们对瘴气和疫病是非常害怕的。《后汉书·南蛮传》记载："南州水土温暑，加有瘴气，致死者十必四五。"那时人们认为，在中国东南和岭南地区的森林池沼之间，升腾起来的雾气，常常会让人生病，致使阴阳不调，发热头痛，是导致疟疾等传染病的源头。

虽然现代医学表明，这些疾病真正的源头是细菌，而不是瘴气。但当时人们所采用的应对方法却是正确的，那就是熏焚青蒿（黄花蒿）来祛除空气中的细菌，有效防止传染病的发生。

到今天，从青蒿中提取的青蒿素仍是治疗疟疾的主要药品。除青蒿外，医学界尚未发现含有青蒿素的其他天然植物，并且除我国重庆东部、福建、广西、海南部分地区外，世界上绝大多数地区生长的青蒿中的青蒿素含量都很低，无利用价值。对这种独有的药物资源，国家有关部委从20世纪80年代开始就明文规定：青蒿素的原植物（青蒿）、种子、干鲜全草及青蒿素原料药一律禁止出口。

实在应该感谢大自然给予人类的恩赐，生成如此奇妙之物，让人们得以抵抗疾病的威胁，实在令人感叹。

不过，将青蒿用于治疗疟疾，早在魏晋时期的葛洪就明确提出来了。这种青蒿就是先秦时期用于熏焚祭祀的萧，也就是说，中华民族的祖先早已经将香草、香料与祖国的医学紧密联系到了一起，直到今天还在造福于人类。

早在先秦时期，从人们用熏焚萧、艾草的方法治疗瘟疫等传染病开始，香料便与中华医学结下了不解之缘。普通民众将采摘到的兰、蕙、椒、桂，用于室内熏香、佩戴，以除去异味疒病。汉代的皇室和贵族阶层也将花椒混合在泥里，均匀地涂抹在墙壁上，称为"椒房"，以祛污秽之气。这种利用香料熏焚祛除异味、蚊虫、疒病的方法一直延续下来，至今南方一些地区还会焚烧香蒿来保持室内空气清新和消毒。

因此，可以肯定地说，从香料被发现的那一刻起，就与医学紧密相连，它的文化属性与药用价值一直并存至今。人们不仅用香料治病，还以各种香料为主材炮制成香药，研究出很多香方，这样既克制了香料中对人体有害的成分，又增强了香的药效，使用起来更安全合理。

经过先秦时期的发展，中国在经济繁荣、贸易畅通后，域外朝贡而来的香药逐渐成为医学家青睐的治病良药，例如产自大秦的苏合香就被医学家们用于治疗心脏方面的疾病。另外，医学家们还总结出各种香料在医学方面的用处，尤其是四大香料，这便是"沉、檀、龙、麝"。

1. 沉香

科学家们在《中药大辞典》中分析指出，将沉香的丙酮提取物经皂化蒸馏，得 13% 挥发油，其中含有多种化学物质。醇类化合物，就是沉香独特香气的来源，同时也是沉香药效的来源。经科学研究表明，香料之所以能用于医学，主要就是因为这些植物的油脂分泌物在起作用。

沉香可以治气逆喘息，呕吐呃逆，脘腹胀痛，腰膝虚冷，大肠虚秘，小便气淋，男子精冷。很多古代医书都记载了沉香的疗效。最早的是汉末的医学著作《别录》，说沉香可以"疗风水毒肿，去恶气"。唐代波斯移民后裔李珣，出身于医药世家，能接触到西域运到中原的珍贵香药。在他集毕生所学写下的《海药本草》中也记载着沉香的药用："主心腹痛、霍乱、中恶邪鬼疰，清人神，并宜酒煮服之；诸疮肿宜入膏用。"

其他一些医书如《日华子本草》记载：“调中，补五脏，益精壮阳，暖腰膝，去邪气。止转筋、吐泻、冷气，破症癖，（治）冷风麻痹，骨节不任，湿风皮肤痒，心腹痛，气痢。”

《珍珠囊》中记载：“补肾，又能去恶气，调中。”

《本草纲目》记载：“治上热下寒，气逆喘息，大肠虚闭，小便气淋，男子精冷。”

《医林纂要》：“坚肾，补命门，温中，燥脾湿，泻心，降逆气，凡一切不调之气皆能调之。并治噤口毒痢及邪恶冷风寒痹。”

《本草再新》：“治肝郁，降肝气，和脾胃，消湿气，利水开窍。”

甚爱沉香的丁谓，在死前不进食，每天只喝沉香水度日。这是香料在医学应用上的一大奇谈。

时至今日，由于野生沉香等香料的稀少，再加上被各国列为保护对象，不允许采伐，因此医学上已经不可能使用野生香料做药用，转而大量采用人工种植的沉香入药。现在中国用于医学上的沉香，基本为人工种植的沉香树，经人工“开香门”，几年后收获生结沉香。这样的沉香，其药效与经过百年风雨自然熟结的天然沉香是无法相比的，但仍是心脏病药物的重要成分。

沉香树现已经在我国海南岛、贵州、云南大量种植，面积都高达数万亩。越南、老挝、柬埔寨、泰国等地也开始大量人工种植沉香。人工种植的沉香，大约待树存活到十年，就用开香门、涂蜜引蚂蚁咬噬、打吊针等方法使沉香树结香。据说，现在农业科学家已经研制出一种真菌，可以让沉香很快结香。这种人工沉香，按开始开香门到采摘的时间，分一年香、二年香、三年香、五年香等。其中五年香在市场上常被算做一级品，用作沉香粉的大多为一年香。

不过，人工沉香的品质与野生沉香是无法相提并论的，用于香席的一般应为野生沉香。

2. 檀香

香学意义上所指的檀香主要是指白檀香。《本草纲目》记载：“白檀辛温，气分之药也，故能理卫气而调脾肺，利胸膈。紫檀咸寒，血分之药也，故能和营气而消肿毒，治金疮。"

在用于香席闻香时，檀香单独熏焚的气味无法达到醇和清远的境界，常用作定香剂，也有一定的杀菌消毒作用。

檀香醇对生殖泌尿系统极有帮助，可改善膀胱炎，具有清血抗炎的功效。它独特催情的特性，可驱散焦虑的情绪，有助于增加浪漫情调。

檀香对胸腔感染，以及伴随着支气管炎、肺部感染的喉咙痛、干咳也有效果。当黏膜发炎时，檀香可舒缓病情，更可以刺激免疫系统，预防被细菌再度感染。它还可以用来治疗灼热，并且其收敛的特性，对腹泻亦有帮助。熏焚檀香对身体也有抗痉挛和补强的功用，能带来放松和幸福的感觉。

《本草经疏》载："紫真檀，主恶毒风毒。凡毒必因热而发，热甚则生风，而营血受伤，毒乃生焉。此药咸能入血，寒能除热，则毒自消矣。弘景以之敷金疮、止血止痛者，亦取此意耳。宜与番降真香同为极细末，敷金疮良。"

3. 龙脑

龙脑香又叫"冰片"，是龙脑香树分泌的树脂，气味辛、苦、微寒、无毒。冰片可以清香宣散，具有开窍醒神，清热散毒，明目退翳的功效，主治热病高热神昏，中风痰厥惊痫，暑湿蒙蔽清窍，喉痹耳聋，口疮齿肿，疮痈痔疮，目赤肿痛，翳膜遮睛。在中医实践中，冰片的应用是比较广的，与朱砂、硼砂、玄明粉配伍吹搽患处，可以散火解毒，治疗痰火郁闭，喉痹音哑；对火热壅滞、口疮齿肿者，冰片也可以起到很大作用。冰片与麝香、牛黄、黄连、郁金等配药，可以清热开窍，治疗热闭神昏。冰片可与炉甘石、玄明粉、硼砂配伍，制作成末点眼，治疗火眼，翳膜胬肉。

冰片对疮毒具有特别的疗效，比如非常顽固的鸡眼。将冰片少许置于鸡眼上，用火点燃，至感觉疼痛时将火吹灭。每日治疗 1~2 次，每次约半分钟，一个疗程 5~7 天。愈后局部无瘢痕，治疗期间可照常行动。

现代医学合成的冰片含龙脑 59.78%~58.93%、异龙脑 38.98%~37.52%、樟脑 2.7%~2.09%。

由于天然龙脑的昂贵与稀少，现在中医基本使用人工冰片。即用菊科植物艾纳香的叶，经水蒸气蒸馏、冷却，所得的结晶叫作艾粉，再将艾粉精制而成冰片。

4. 麝香

又叫"当门子"，是为数不多来源于动物的香料，具有比较强烈的气味。麝香为中药材的一种，其药用来源为麝科动物，如林麝、马麝或原麝等成熟的雄体生殖腺分泌物。

麝香性辛、温、无毒、味苦，入心、脾、肝经，有开窍、辟秽、通络、散淤之功能，主治中风、痰厥、惊痫、中恶烦闷、心腹暴痛、跌打损伤、痈疽肿毒。许多临床材料表明，冠心病患者心绞痛发作时，或处于昏厥休克时，服用以麝香为主要成分的苏合丸，病情可以得到缓解。古书《医学入门》中记载："麝香，通关透窍，上达肌肉，内入骨髓。"《本草纲目》中记载："盖麝香走窜，能通诸窍之不利，开经络之壅遏。"其意是说麝香可很快进入肌肉及骨髓，能充分发挥药性。治疗疮毒时，药中适量加点麝香，药效特别明显。西药用麝香作强心剂、兴奋剂等急救药。

古人在制作墨时，除了要求用古松灰外，还常加一些麝香、龙脑等高级香料。这样的墨深得文人墨客的喜爱，写出的字、作出的画香气袭人。而且，这样的名墨还有治病救人的例子，原因就在于墨中加了麝香等香料。这和古代的名贵线香，由于是沉香、龙涎等制成，焚烧后的灰烬可以用于治病，是一个道理。当代人看到古书说到名墨、香灰可以治病，以为是传说甚至迷信，其实是不了解其中的奥秘。

当代，麝香酮为麝香的主要有效成分，其含量占天然麝香肉的1.58%~1.84%，占天然麝香毛壳的0.9%~3.08%，麝香被广泛应用于中成药，如牛黄丸、苏合香丸、西黄丸、麝香保心丸、片仔癀、云南白药、六神丸等，而且现在已经能够人工合成。

5. 甲香

是蝶螺科动物蝶螺或其近缘动物的掩厣，在香席中只用于合香，增加香的稳定性和香味。《唐本草》中记载，甲香可以"主心腹满痛，气急，止痢，下淋"，就是说可以治疗脘腹痛，痢疾等病。《本草拾遗》载："主甲疽，瘘疮，蛇蝎蜂螫，疥癣，头疮，嚏疮。"《海药本草》载："和气清神，主肠风瘘痔。"甲香可以煎汤，也可以研成粉末外用。

6. 苏合香

有较好的辟秽和祛痰作用，所以对于秽浊之气侵袭人体，导致昏厥或中风昏迷痰盛的症状，使用效果最好。现代医学也使用苏合香作为治疗心脏病药物的成分。

虽然苏合香是著名的香药，但在宋代有滥用之嫌。清代吴仪洛在《本草从新》中写道："今人滥用苏合丸，不知诸香走散真气，每见服之，轻病致重，重病即死，惟气体壮实者，庶可暂服一、二丸，否则当深戒也。"

因此，对苏合香的使用，应该注意比例和病人的身体状况，不可随意使用。

7. 乳香

古人炼制乳香做药的方法，在《品汇精要》中有记载："凡使（乳香），置箬上，以灰火烘焙熔化，候冷，研细用。"使用乳香时，先除去杂质，然后取拣净的乳香，放置锅内用文火炒至表面稍见熔化点，略呈黄色，取出放凉；或炒至表面熔化时，喷洒米醋，继续炒至外层明亮光透，取出放凉。每50千克乳香，用3千克米醋去泡。

《本草纲目》记载："乳香入丸药，以少酒研如泥，以水飞过，晒干用；或言以灯心同研则易细，或言以糯米数粒同研，或言以人指甲二、三片同研，或言以乳钵坐热水中乳之，皆易细。辛苦，温。"

乳香可以调气活血，定痛，追毒。治气血凝滞、心腹疼痛，痈疮肿毒，跌打损伤，痛经，产后瘀血刺痛。

8. 丁沉煎圆等其他香药

古人除了前文所述的几种重要香药外，还按照中药的炮制方法，研制了一些以香药为主的药方，例如"丁沉煎圆"，就是丁香二两半、沉香四钱、木香一钱、白豆蔻二两、檀香二两、甘草四两，碾碎成细末，再用甘草混在一起煎熬成膏，和匀之后，做成圆如鸡头大的药丸。这种药丸每次吃的时候，在嘴里慢慢嚼化。经常服用，可以起到调顺和气，舒畅心气，治疗心疾的作用。

另外，在《红楼梦》中，薛宝钗从小患有一种热毒症，需要服用一种叫"冷香丸"的药物。冷香丸是"将白牡丹花、白荷花、白芙蓉花、白梅花花蕊各十二两研末，并用同年雨水节令的雨、白露节令的露、霜降节令的霜、小雪节令的雪各十二钱加蜂蜜、白糖等调和，制作成龙眼大丸药，放入器皿中埋于花树根下。发病时，用黄柏十二分煎汤送服一丸即可"。在熟悉医方药学的曹雪芹笔下，一种用香花制成的香药就跃然于纸上。这其实就是一种经过炮制的合香香药，虽然经过了文学加工，但还是可以看出，香药在日常生活中的应用是非常广的。以《红楼梦》在中国的影响，这"冷香丸"可能也是最有名气的香药了。

除此之外，还有很多使用了香料的药方，被我国古代的医书所明确记载，同时也被包括阿拉伯地区的医学药方所记载。因此，香料与中医中药、阿拉伯医学等古代医学，以及被称为"西医"的现代医学，都有着密切的关系，并一直造福着人类。

四、香事

中国香文化走过了几千年历史，它像一朵绚丽馨香的奇葩，伴随着每个朝代的精彩纷呈与苦难沧桑，盛开在中华文明的大花园内，是那么精致和唯美，那么令人陶醉，吸引着我们不断去追寻它的芳踪。古人对于香的热爱，是我们今天难以比拟的。他们不仅珍藏着域外奇香，还会细心研究其来源、成因，评判其香味优劣，并为其制订出一些标准，最后留下一本本香学巨著和品香之法，以及有关香的诗词歌赋，使得我们今天对香文化的研究有迹可循，有法可依，也有神韵可以让我们去领悟。

在浩瀚的历史长河中，对香文化的研究又以宋代最有成就。在集香学于大成的宋代，丁谓、陈敬、洪刍等香学名家不仅将香学做了系统化的整理，提出了沉香、檀香等各种香料的品鉴之法，可谓事无巨细，甚至还将自古以来中国文化中关于香的趣事和涉及香文化的事、物，命名为香事。这里的香事与佛家所说的香事是不一样的。佛门香事，是指关于用香、焚香的一切规仪和程序。显然，香学意义上的香事范围宽泛得多，有人，有建筑，有地名，有物品，还将供香料交易的市场称为香市，采香的农户称为香户，甚至还有涉及香的陈规陋习。看看这些"香事"，似乎在听一位老者对自己讲述香学，慢慢咀嚼品味，感觉一切历历在目，就如同行走在《清明上河图》里所描绘的那般繁华盛景中，亲历宋代南方恬淡安逸的往昔一般，这就是中华文明的魅力。

香尉：汉仲雍子进南海香，拜洛阳尉，人谓之香尉。

香户：南海郡有采香户，俗以贸香为业。

香市：南方有香市，乃商人交易香处。

香洲：朱崖郡洲中出诸异香，往往有不知名者。

香溪：吴宫有香水溪，俗云西施浴处，又呼为脂粉塘，吴王宫人濯妆于此溪，上源至今犹香。

香界：回香所生，以香为界。

香篆：镂木为篆纹，以之范香尘。

香珠：以杂香捣之，丸如梧桐子，青绳穿之，此三皇真元之香珠也。烧之香彻天。

香缨：以缨佩之者，谓缨上有香物也。

香兽：以涂金为狻猊、麒麟、凫鸭之状，空中以然香，使烟以口出，以为玩好，复有雕木埏土为之者。香兽不焚烧。

香童：唐元宝好宾客，务于华侈器玩，服用僭越于王公，而四方之士尽仰归焉。常于寝帐床前，雕矮童二人，捧七宝博山香炉，自瞑焚香彻曙，其骄贵如此。

栈槎：番禺民忽于海旁得古槎，长丈余，阔六七尺，木理甚坚，取为溪桥。数年后，有僧过而识之，谓众曰："此非久计，愿舍衣钵资易为石桥。"即求此槎为薪，众许之，得栈数千两。

披香殿：汉宫阙名。

采香径：吴王阖闾起响屧廊，采香径。

柏香台：汉武帝作柏香台，以柏香闻数十里。

三清台：王审知之孙昶，袭为闽王，起三清台三层，以黄金铸像，日焚龙脑，熏陆诸香数斤。

沉香床：沙门支法存有八尺沉香床。

沉香亭：开元中，禁中初重木芍药，即今牡丹也，得四本，红、紫、浅红、通白者，上因移植于兴庆池东沉香亭前。敬宗时，波斯国进沉香亭子，拾遗李汉谏曰："沉香为亭，何异琼台瑶室？"

沉香堂：隋越国公杨素大治第宅，有沉香堂。

沉屑泥壁：唐宗楚客，造新第，用沉香、红粉，以泥壁，每开户则香气蓬勃。

檀香亭：宣州观察使杨牧，造檀香亭子，初成，命宾乐之之。

五香席：石季伦作席，以锦装五香，杂以五彩编蒲，皮绿。

七香车：梁简文帝诗云："青牛丹毂七香车。"

椒殿：《陈氏香谱》载："唐宫室志有椒殿椒房。"

椒房：《汉官仪》曰："后宫称椒房，以椒涂壁也。"

兰汤：五月五日以兰汤沐浴，浴兰汤兮沐芳。

啖香：唐元载宠姬薛瑶英母赵娟，幼以香啖英，故肌肉悉香。

梅香：梅学士询，性喜焚香。其在官所，每晨起将视事，必焚香两炉，以公服罩之，撮其袖以出。坐定撒开两袖，郁然满室。焚香时，人谓之梅香。

三班吃香：三班院所领使臣八千余人，莅事于外，其罢而在院者，常数百人，每岁乾元节，醵钱饭僧进香，合以祝圣寿，谓之香钱。京师语曰："三班吃香。"

焚香静坐：人在家及外行，卒遇飘风暴雨震电昏暗大雾，皆诸龙神经过，入室闭户焚香静坐，避之不尔损人。

五、香料与宗教

中华文明在先秦时期逐步形成了天地崇拜，即敬天法祖的类宗教体系，后在春秋时期确立道教的雏形，在东汉时期佛教传入，以及更晚时期传入了伊斯兰教、基督教。出于神佛崇拜的需要，香与宗教祭祀一直是密不可分的。一直到现在，烧香拜佛都是人们日常的口头禅。

在先秦时期，萧等芳香植物便被用于祭祀。当西域和东南亚的珍贵香料进入中原后，香料被大量用于祭祀礼佛。沉香、檀香、龙脑香、降真香等都被用于礼佛敬仙，唯独麝香明确不可用于宗教祭祀。可能这是因为麝香是麝之不洁处取出的香物，被认为会污秽佛道的神圣和洁净，所以弃而不用。

1. 香与道教

香在宗教中的用处，一是熏香、烧香，二是香浴。在汉代时，对道教仙家的敬香，主要用香炉熏焚香料，这就是所谓的"焚香"，后期则是用线香、盘香等焚烧敬仙；浴香是以香入汤，用于沐浴。

道家有一个特点，那就是非常提倡沐浴香汤。香汤，就是加入各种香料的热水，用于洗澡。《太上洞玄灵宝无量度人上品妙经》云："道言，行道之日，皆当香汤沐浴。"

《太上素灵经》云："太上曰，兆之为道，存思《大洞真经》，每先自清斋，沐浴兰汤。"

《仙公请问经》云："经涛不以香水洗沐，则魂魄奔落，为他鬼所拘录。"

由此可见，道家对沐浴香汤的重视，几乎到了遇事必沐香汤的地步。

道士们在炼制仙丹时也要"沐浴五香"。这所谓的五香，在《三皇经》中有解释："凡斋戒沐浴，皆当盥汰五香汤。五香汤法，用兰香一斛，荆花一斛，零陵香一斛，青木一斛，白檀一斛。凡五物，切之以水二斛五斗，煮取一斛二斗，以自洗浴也。此汤辟恶，除不祥，气降神灵，用之以沐，并治头风。"

还有一段记载为："天尊答曰：'五香者，一者白芷，能去三尸；二者桃皮，能辟邪气；三者柏叶，能降真仙；四者零陵，能集灵圣；五者青木香，能消秽召真。此之五香，有斯五德。'"

以上两段经文记载虽不完全一致，但零陵香、青木香都是有的。沐浴五香，还能够获得七福，能成七果。"七福因者，一者上善水，二者火薪，三者香药，四者浴衣，五者澡豆，六者净巾，七者蜜汤。此七福因，能成七果，一者常生中国，为男子身；二者身相具足；三者身体光明，眼瞳彻视；四者髭发绀青，圆光映项；五者唇朱口香，四十二齿；六者两手过膝；七者心聪意慧，通了三洞经法。"

不仅如此，道家还专门定了"沐浴吉日"，以告诫信众们按照黄道吉日和时辰去沐浴香汤，起到保健养生的作用。

> 正月十日，沐浴，令人齿坚。
>
> 二月八日，沐浴，令人轻健。
>
> 三月六日，沐浴，令人无厄。
>
> 四月四日，沐浴，令人无讼。
>
> 五月一日，沐浴，令人身光。
>
> 六月二十七日，沐浴，令人轻健。
>
> 七月二十五日，沐浴，令人进道。
>
> 八月二十二日，沐浴，令人无非祸。
>
> 九月二十日，沐浴，令人辟兵。
>
> 十月十八日，沐浴，令人长寿。
>
> 十一月十五日，沐浴，令人不忧畏。
>
> 十二月十三日，沐浴，得玉女侍房。

而在《老君河图修身戒》中，更是将沐浴精确到了时辰，并认为沐浴可以了除自身过错。这样好的沐浴，岂能不及时跳进香汤中，享受一下。

> 正月十日人定时沐浴，除过无极。
>
> 二月八日黄昏时沐浴，除过二千。
>
> 三月六日日入时沐浴，除过三百。
>
> 四月十三日夜半时沐浴，除过二十。
>
> 五月一日日昳时沐浴，除过二十。
>
> 六月二十七日日中时沐浴，除过六百六十。
>
> 七月七日日中时沐浴，除过七百三十。
>
> 八月二十五日人定时沐浴，除过七十。
>
> 九月二十日日出时沐浴，除过九百六十。
>
> 十月二十八日平旦时沐浴，头白返黑，寿同仙人，除过无极。
>
> 十一月四日鸡鸣时沐浴，除过二十三。
>
> 十二月三十日夜半时沐浴，除过三千。

道家典籍很推崇用香，认为香可以感格鬼神，与上苍沟通，起到辟邪驱魔的功效，也能使神仙愉悦。笔者认为，中国香文化的"香能养性"的观念，应该是从道家对香文化的观点中得来的。

《酉阳杂俎》记载，唐代同昌公主的葬礼上，唐懿宗让道士们焚其霄灵香，击归天紫金磬，以引导公主灵魂升天。

道家还有专门在焚香时念的《祝香咒》："道由心学，心假香传，香焚玉炉，心存帝前，真灵下盼，仙旆临轩，令臣关告，径达九天。"在这里提出的心灵可以借助香而达到上天，与神仙真人沟通交流，与香席借助香而达到修持心性的观点是一致的。

道观中对焚香有一定的规仪，每一香炉焚一至三炷香，一般都为单数。烧三炷香表示"尊三清""三阳开泰"之意。三清，是指道教的最高的三位尊神——玉清元始天尊、上清灵宝天尊、太清道德天尊。焚香除表达敬意外，也是与神明直接沟通的方式和方法。焚香之前要先洗净双手，摆好供品；不能用口吹灭香火，需用左手将火焰扇小。焚香时，以双手举香膜拜神灵，口念自己的姓名、生辰和所祈之事，而后不分男女皆用左手插香，因右手多处理万事，为不洁象征。插香顺序为中、右、左，如此即完成敬香。

在汉代、唐代和宋代皇帝的大力支持下，道教得以在中国发展，一些大的道观经常被皇帝赏赐香料，包括沉香、乳香、檀香等珍贵名香。在宋代时，道士们喜欢用各种香料研磨成粉，做成一个个的珠子，穿孔后用绳串起来，称为香珠。

道家最重视的香料是降真香。《列仙传》云："烧之感引鹤降。醮星辰，烧此香妙为第一，小儿佩之能辟邪气。"

道教惯常使用的香料大约有十种，分别是返风香、七色香、逆风香、天宝香、九和香、返魂香、天香、降真香、百和香、信灵香。各种香被赋予了不同的寓意，在不同的场合使用。比如《道书》明确说"檀香、乳香谓之真香，止可烧祀上真"。道家的香文化，对中国的文学创作有比较大的影响，类似返魂香、天香经常出现在古典小说里。如《红楼梦》中的天香楼，还有小说中经常出现吃一颗返魂香丹丸，立即起死回生，或者功力倍增的情节。

2. 香与佛教

与道家不同，佛家则最喜爱檀香，称为"旃檀"。《西游记》中的唐僧，最后就被如来佛祖封为旃檀功德佛。

《佛说戒香经》记载了这样一个关于香的故事：

一天，尊者阿难来诣佛所。他对如来佛祖双掌合十，尊敬地说："世尊，我有一些小小的疑问，想当面问您，希望世尊为我解说。我见世间有三种香，就是所谓的根香、花香、子香。这三种香遍布一切地方。有风可以闻到，无风也可以闻到。其香云何？"

佛告诉阿难说："你想闻遍到处的香，你应该记得。有风无风，香遍十方。修持佛法净戒施行诸多的善法行为，所谓不杀、不盗、不淫、不妄及不饮酒。如是戒香遍闻十方，这样就是人们获得如是之香。"

颂曰："世间所有诸花果，乃至沉檀龙麝香。如是等香非遍闻，唯闻戒香遍一切。旃檀郁金与苏合，优钵罗并摩隶花。如是诸妙花香中，唯有戒香而最上。所有世间沉檀等，其香微少非遍闻。若人持佛净戒香，诸天普闻皆爱敬。如是具足清净戒，乃至常行诸善法。是人能解世间缚，所有诸魔常远离。"

　　这个故事讲述了佛教的观点，行善是最好的戒香，是所有的香，是十方大千世界之香。不过，寺庙毕竟还有礼佛的仪式。在浴佛、开光大典、住持升座、每年的节庆等仪式上，佛家认为檀香是最上等的香，以檀香为最好的供佛香品。一些高僧大德也常常通过檀香之气坐禅，以清心、宁神、排除杂念，既可静养身心，又能达到沉静、空灵的境界。

　　《华严经》记载了佛教的法华诸香：须曼那华香、阇提华香、末利华香、旃檀香、沈水香、多摩罗跋香、多伽罗香、曼陀罗华香、曼殊沙华香，这些佛家名称的香一一都对应着历代香谱中的各种香料。

　　兜娄婆香是《楞严经》中记载的一种香，云："坛前别安一小炉，以此香煎取香水沐浴，其炭然，令猛炽。"

　　戒定香是僧人们坐禅入定的香，有帮助修炼的作用。"释氏有定香、戒香，韩侍郎赠僧诗云，一灵令用戒香熏。"

　　《华严经》云："从离垢出，若以涂身，火不能烧。"这句话指的是牛头旃檀香。

　　另外包括《六祖坛经》《妙法莲华经》等众多经书，都记载了关于香的故事和用香修佛的方法，极为详细地叙述了闻香入佛的法门，不同香的用法不同，其重要作用也有所区别。

　　由此可见，中国的道教和佛教对于香都极为推崇，而儒家更是将香和君子品性联系在一起，使香文化一直贯穿了整个中华文明的发展史。

第二编　香材

作为香文化的载体，能散发出妙曼香味的天然植物自然是香材的首选，但也不乏龙涎香、麝香这些来自动物的香料，在沉、檀、龙、麝四大名香之外，还有着为数众多的香材，使得香文化呈现出令人惊叹的精致与绚丽。

一、香品

1. 沉香

沉香被誉为众香之首。

据《陈氏香谱》记载："按《南史》云：'置水中则沉，故名沉香。浮者，栈香也。'"顾名思义，沉香是因可以沉入水中而得名。但实际上沉香品级繁多，也有不沉入水的。按照丁谓在《天香传》的分类，海南沉香可分为沉香、栈香、黄熟香、生结四个品级，这是所谓"四名"。其中栈香为半沉半浮的沉香，黄熟香为不沉之香。沉香为瑞香科瑞香属的树木，比如海南、广东的白木香树，越南、柬埔寨的蜜香树，印度尼西亚、马来西亚的鹰木香树等，在受到外力伤害的情况下，如刀砍、虫噬、猛兽抓咬等，在伤口处受到真菌感染，树木产生治愈伤口的分泌物后与木质混合的形成物，经过二三十年的自然变化，木质色素呈现深色，这便是沉香。

丁谓对海南沉香研究很深，将其进行了极为细致的划分，比如上面的"四名"。根据外形的不同，又

沉香树（杨智摄）

分为"十二状"。沉香有乌文格、黄腊、牛目、牛角、牛蹄、雉头、泪髀、若骨，栈香有昆仑梅格、虫漏，黄熟香有伞竹格、茅叶。以上十二种形状为熟香的区分。另外生结香还有一状，叫作鹧鸪斑，意思是"色驳杂如鹧鸪羽也"。这种区分法，可以视为对熟香和生香的外形分类，自然成熟而脱落的沉香、栈香、黄熟香都是熟香。生结是还没等香自然成熟脱落，采香人用刀剔下而得的香，看沉水与否，也分为生结沉香、生结栈香、生结黄熟香。

沉香

从形成过程看，沉香可以分为野生沉香和人工沉香。野生沉香是指在天然环境下，瑞香科树木所形成的沉香，一般需要几十年时间

虫漏

才能形成。人工沉香是指瑞香科树木因为人为致伤所形成的沉香，由于结香时间太短，所以其品质不如野生沉香，一般只能做药用，而不能用于香席品鉴。古代爱香之人还将产自广东、广西的白木香称为"土沉香"，也叫"莞香"；海南岛的沉香叫作"崖香"；云南的叫作"云南沉香"。

如今，由于中国的野生沉香几乎绝迹，因此市面上的野生沉香多为东南亚的沉香，分为越南的会安沉和印度尼西亚的星洲沉两大类。而市场上按照形状、品质、结香原因等细分下去，有倒架、包头（包括新头、老头）、吊口、虫漏、壳沉、锯夹、水格、土沉、枯木沉、油皮、夹生等说法。其中的土沉是指沉香自然成熟脱落后，被埋入地下，经过长年累月的自然变化所形成的沉香。虫漏是指被蚂蚁等昆虫咬噬而在伤口处形成的沉香。

另外，这里需要注意两个说法——水沉和沉水香。水沉，也叫"水格"，是特指成熟脱落后浸泡在沼泽等水里的沉香，一般形成的香更厚，面积更大，

老挝野生沉香树（杨智摄）

香味更浓。但印度尼西亚的水沉的香味不如会安的水沉，或许是因为印度尼西亚的沉香是鹰木所产的原因。水沉仔细品味起来可以感觉到一种泥潭气息混杂其间，一般是质量比较好的上等沉香。而沉水香是指能沉水的沉香，包括了除栈香和黄熟香以外的沉香。这两个概念是不一样的。市场上一些商家往往有意或出于无知而混淆了这两个概念。

还有一种沉香（也有说法为专门的树产棋楠）叫作"棋楠"，也写作"伽楠""奇楠"，是香中的极品，非常珍稀，却不沉于水，半浮半沉，与栈香类似。在当今时代，能达到丁谓提出的"清远深长"的品香标准，恐怕也只有棋楠才有此可能。与一般的沉香不同的是，棋楠由于含油脂量很大，可以自然散发出清香味，当焚烧时，其香味具有前香和后香的变化，穿透力极强。棋楠比较软，入口咀嚼会黏牙齿，有种麻凉感，而其他的沉香是硬的；在不燃烧时，一般不会发出香味。棋楠与其他沉香并生，从外观上可分为绿棋（莺歌绿）、紫棋（兰花结）、黄棋（金丝结）、红棋（糖结）、黑棋（铁结）五种，以绿棋品质最优。

但值得注意的是，台湾学者萧元丁在《沉香谱》中提及：1870 年法国植物学家皮埃尔在越南富国岛和柬埔寨的 Aral 山发现类似沉香的新品种树木，命名为"奇楠树"。并且，越南曾经做过产地调查，也将奇楠树单独列出。这种树附近一般都有蚂蚁巢穴，产出的香哪怕体积很小，也是富含油脂、质地柔软的棋楠香。而一般沉香属的树木所产会安沉香一般较硬，且通常不会产出棋楠。这一观点与现在通常认为的"棋楠为沉香树木所结沉香之极品"的观点，有着天壤之别，意味着棋楠是一个新的香料，而非沉香。但是，笔者未见更多有说服力的证据，不敢轻易认同，只是将该观点列出，以待更多有识之士研究。

除了上述沉香品类，从古至今，沉香还有很多名称，容易混淆。比如番沉香，是指来自越南、马来西亚等地的域外沉香。叶庭珪说："气矿而烈，价视真腊、绿洋减三分之二，视占城减半矣。"这种番沉香由于气味不佳，一般只做药用。

人工种植的沉香树（杨智摄）

又比如青桂香，是指结香在树皮处的沉香，所谓"依木皮而结，谓之青桂"。

角沉香，产于海南岛等地，为生结，适于熏香。

黄腊沉，《陈氏香谱》记载为"削之自卷，啮之柔韧者是"，这意味着黄腊沉应为黄棋，是"尤难得"而非常珍贵的。

水盘香，《倦游录》云："自枯死者谓之水盘香。"类似黄熟香，体积比较大，从东南亚运来，多用于雕刻佛像等摆件。

白眼香，是黄熟香的别名。叶子香，是比较薄的栈香的别名。

乌里香、生香、交趾香都是对古代越南占城附近所产沉香的称呼。

沉香在形成过程中，一般是依树干方向纵向形成，横向纹路的很少。采香之人遇到横向纹路的沉香，一般不愿意采。因为他们认为这是丛林之王——老虎用爪子抓出来所形成的沉香，不能采，以免被老虎忌恨复仇。

在热带的原始森林里，由于视野非常有限，寻找沉香是一件很困难，而且很危险的事情。就连沉香树，由于和其他的树木外表相近，也是很难发现的。越南当地的山民，对于在茫茫林海里寻找沉香树有丰富的经验，他们可以根据一种鸟的叫声，来判断哪里可能有沉香树。当找到沉香树后，再用刀剥开一块树皮，向上拉扯，如果有韧性，并且树皮有特殊的香气，那么可以确定是沉香树。这些采伐沉香的越南会安当地山民，被称为"泰香族"。他们在进山采沉香之前，会斋戒沐浴，举行祭祀仪式，祈求大山的庇护，祈求老虎的原谅，祈求能幸运地采到沉香并平安归来。这些淳朴的泰香族人，对沉香是爱护的，对自然是敬仰的，他们有着世代相传的规矩：对于枝叶茂密、树身直、树皮光滑的沉香树不砍伐，因这类沉香树一般不结香；每年6月到11月是开花、播种的季节，不可砍伐沉香树，以让沉香树能繁衍下去；对于已经有记号，示意为别人发现的沉香树，不采。正是由于这些山民对于养育他们的大自然有着敬畏和爱护之情，越南沉香虽然经过上千年的采伐，至今还有资源。相比起来，海南沉香虽然品质最好，却早在古代就因为朝廷的贪婪，没有顾忌地滥采滥伐以致绝迹，现在只有人工种植的沉香树。面对这样的局面，不能不感到遗憾和惭愧。

2. 檀香

叶庭珪云："檀香出三佛齐国，气清劲而易泄，爇之能夺众香。"这里说的檀香，就是熏香所用的白檀香，另外还有黄檀香和紫檀香。三佛齐国是指南苏门答腊岛的古国，古代盛产檀香，与中国长期交好，以檀香朝贡于中国。

严格意义上来说，用于熏香的檀香仅限于檀香科檀香属的白檀香，而常见到的紫檀家具、海南檀则是豆科属植物，与熏香用的檀香并非一物。

檀香树是一种半寄生植物，属常绿小乔木，成树可高达十多米。檀香树

檀香树

非常娇贵，需要附着在其他豆科植物上，如红豆、凤凰树等，才能生长存活，并且生长缓慢，要几十年才能长大。其主要生长在印度东部、印度尼西亚、泰国、澳大利亚等地。《陈氏香谱》中记载，由于檀香树性冷，夏天时常有蛇爬在树枝上乘凉。当印度的取香之人在山谷林间无法分辨檀香树与其他树时，只要看见有蛇爬在这类树上，便远远地射箭于树干上，等到冬天蛇蛰伏起来了，便去寻找有箭的树木采伐檀香。

檀香取自于檀香树的干、根、枝，其香味来自材质里所含的檀香醇油脂，主要以树干心材为主，根和枝

的香力不如树干。但刚砍伐下来时，气味刺鼻并有腥臊味，因此，檀香在使用前需要先放置一段时间，以使气味沉稳醇和。越老的檀香气味越醇厚，越珍贵。印度和东南亚地区有的寺庙保存着放了上百年的檀香，常常被视为极品。质量最好的檀香要数印度老山檀，其特点是白色偏黄，油量大，气味持久，香力劲道。

檀香单独熏焚，气味不是特别理想，不如沉香醇和清远。因此，檀香最适宜与其他香料一起炮制，其香味可以达到非常理想的境界。由于佛家对檀香推崇备至，称为"旃檀"，并以檀香为礼佛香之尊，因此中国的佛寺每逢重大节日或开光大典，都会熏焚檀香，以示对佛事的尊敬。

印度老山檀香粉

龙脑香

3. 龙脑香

唐段成式《西阳杂俎》云："（龙脑香树出婆律）树高八九丈，大可六七围，叶圆而背白，无花实。其树有肥有瘦，瘦者有婆律膏香，一曰瘦者出龙脑香，肥者出婆律膏也。"

这里所说的婆律国，是指文莱的加里曼丹岛。段成式云："亦出波斯国。"

其实，龙脑香树分布比较广，以加里曼丹岛、马来半岛和菲律宾最多，中国的云南、广西、广东等地以及非洲也产。龙脑香是这种树木的树脂凝结起来形成的白色结晶物，古人将此称作"龙脑"，也叫"冰片"。

龙脑香是树中的结晶干脂，入口有辛香味。段成式云："（香）在木心中，断其树劈取之，膏于树端流出。"这里所说的婆律膏，实际就是没有结晶的树脂。龙脑树富含这种树脂，凿开树干，就会流出婆律膏，而且很容易点燃。天然环境下结晶形成的就是生龙脑。品质最好的是梅花龙脑，大而成片。其次是速脑，速脑之中有金脚。细碎的叫作"米脑"。在取龙脑的过程中，产生的木屑和米脑、碎脑混杂在一起，叫作"苍龙脑"，可以治疗风疹、面黑。取过龙脑香的杉板叫作"脑本"，古人将其与碎屑一起捣碎，放入瓷盆，用竹篦覆盖其上，用炭灰烘烤瓷盆。这样，残留的树脂会蒸发凝结于竹篦之上，形成晶体。这种加热蒸馏法所提取的龙脑，称为"熟龙脑"。

4. 麝香

又叫"当门子"，是麝的肚脐和生殖器之间的腺囊的分泌物，只有雄麝有。古人有云："沉檀龙麝。"这句话将麝香置于沉香、檀香、龙脑香之后，在林林总总的香料中，也可谓占据了重要位置。

《陈氏香谱》记载："《唐本草》云：'生中台川谷及雍州、益州皆有之。'陶隐居云：'形类麞，常食柏叶及啖蛇，或于五月得者，往往有蛇骨。主辟邪、杀鬼精、中恶风毒，疗蛇伤。多以当门一子真香，分揉作三四子，括取血膜，杂以余物。大都亦有精粗，破皮毛共在裹中者为胜。'"

李商隐诗云："投岩麝退香。"说的是麝很爱惜自己的脐，遇到追逐时，会踢出自己的香囊，而保护自己的脐。

麝是一种像鹿但比鹿小的食草动物，中国大多数山区都有分布，尤其是四川西北部的山区较多。一般每年11月间猎得者质量较佳，此时它的分泌物浓厚。捕获后，将雄麝的脐部腺囊连皮割下，捡净皮毛等杂质，阴干，然后将毛剪短，即为"整香"；挖取内中香仁称"散香"。现在已经有了活取麝香的方法，取香后麝能继续存活并能再生麝香，而且生长速度也较快。

麝香

麝香有强烈的香气，一般也作为合香用。笔者小时候也见过家里保存的一点麝香粉，经常拿出来闻，的确有着一股非常强烈的有刺激性的香味。

5. 龙涎香

叶庭珪云："龙涎，出大食国。……然龙涎本无香，其气近于燥，白如百药煎而腻理，黑者亚之，如五灵脂而光泽，能发众香，故多用之以和香焉。"

叶庭珪是南宋时期福建人，从绍兴十八年至二十一年（1148年—1151年）任泉州军州事。当时的泉州是海外贸易的集散地，极为繁华，海外的香料也多从泉州入贡宋朝。叶庭珪的这段仕途经历也为他接触海外珍稀香料提供了机会，否则，像龙涎香这种极为珍惜的香料，断难得见。

龙涎香，也叫"阿末香"，产于阿拉伯半岛沿海地区和东非沿海，一般都为渔民在海边偶然拾得，是抹香鲸大肠末端或直肠端类似结石的病变分泌物。这种分泌物焚烧时产生的香气持久。据传说，龙涎香的烟气可以用剪刀剪断，而其余烟气仍然滞留空中。南宋著名地理学家周去非在《岭外代答》中写道："和香而用真龙涎，焚之一铢，翠烟浮空，结而不散，座客可用一剪分烟缕。"另外，《陈氏香谱》云："真龙涎，烧之，置杯水于侧，则烟入水，假者则散，尝试之，有验。"这些都说明龙涎香的烟气特别持久而凝重。

自古以来，中国就不产龙涎香。由于此香极为稀有，历来被朝廷禁止买卖，只能由皇家独享。当抹香鲸刚排出龙涎香时，其通体为浅黑色或灰黑色，飘浮在海面上经日晒雨淋、风吹浪打，会渐渐变为浅灰色。如果经过上百年的海水浸泡，香体里的杂质全部排出，才会变为白色，这便是顶级的龙涎香。龙涎香中含有龙涎甾，混入香水涂抹于皮肤上会形成一层薄膜，这样香味会持续很多天不消散。

龙涎香

这持久性，其实正是龙涎香令人惊叹之处。

鉴定真假龙涎香，可以用烧红的针刺入龙涎香体，立刻抽出，如果针尖上带有一滴融化的香液，则为真龙涎；凡是不容易刺入，或者刺入后有黏着感，或者是抽出后不带香液的，则肯定为假龙涎。

龙涎香一直是最昂贵的香料，与黄金同价。《明季稗史汇编》记载："诸香中，龙涎最贵重。广州市值，每两不下百千，次等亦五六十千，系番中禁榷之物。"百千，可能是指一百两纹银，因一两纹银等于一千文铜钱，故一百两纹银也称作"百千"。这个记载证明，在明朝时，品质好点的龙涎香每两起码值一百两纹银，品质差一些的也要五六十两银子，足见龙涎香的珍贵。

6. 降真香

降真香在《陈氏香谱》中有所记载："《南州记》云：'生南海诸山，大秦国亦有之。'《海药本草》云：'味温平，无毒。主天行时气，宅舍怪异，并烧之有验。'《列仙传》云：'烧之感引鹤降。醮星辰，烧此香妙为第一。小儿佩之能辟邪气。状如苏枋木，然之初不甚香，得诸香和之则特美。'叶庭珪云：'出三佛齐国及海南，其气劲而远，能辟邪气。泉人每岁除，家无贫富皆爇之如燔柴。虽在处有之，皆不及三佛齐者。一名紫藤香，今有蕃降、广降之别。'"

降真香是豆科植物降香檀的树干或树根的心材部分，气微香，味苦，焚烧时香气浓郁，主要与沉香、檀香合用，用以提纯沉檀香气，使之更加醇和。

由于古人认为降真香"烧之感引鹤降"，用于祈神辟邪最妙，所以道家极为推崇此香。在古代，泉州人每到除夕之夜，几乎家家户户都要焚烧降真香，以驱邪除晦。

7. 安息香

据《陈氏香谱》载："《本草》云：'出西戎，树形似松柏，脂黄色为块。新者亦柔韧，味辛、苦，无毒，主心腹恶气、鬼疰。'《酉阳杂俎》曰：'出波斯国，其树呼为辟邪。树长三丈许，皮色黄黑，叶有四角，经冬不凋。二月有花，黄色，心微碧，不结实。刻皮出胶如饴，名安息香。'"

意思是，安息香产于西域等地，树的形状像松柏，树脂为黄色的块状，新产的树脂比较柔韧。味道辛苦无毒，可以治疗心腹疾患、气不顺。另外，《西阳杂俎》里说，安息香产自波斯国，称为"辟邪树"，高约三丈，皮色黄黑，叶片有四个角，冬天不凋谢，每年二月开黄花，花心有些微微的绿色，不结果实，刻树皮会流出像糖浆一样黏稠的脂，被称为"安息香"。

安息香与甲香、龙涎香等一样，不适宜单独焚烧，而主要用于炮制和香，起到增强主香稳定性和调制气味的作用。

8. 熏陆香

也作薰陆香。据《陈氏香谱》载："《广志》云：'生海南。'又僻方注曰：'即罗香也。'《海药本草》云：'味平温，毒，清神。一名马尾，香是树皮鳞甲，采复生。'《唐本草》云：'出天竺国及邯郸，似枫松脂，黄白色。天竺者多白，邯郸者夹绿色，香不甚烈，微温。主伏尸、恶气，疗风水肿毒。'"

意思是，《广志》记载，熏陆香生于海南。另有偏方说，其就是罗香。《海药本草》说，熏陆香味道平和，性温，有毒性，能清神。又叫"马尾香"，其树皮像鳞甲一样，将树皮割伤后，可以采集到树脂，便是熏陆香。《唐本草》中说；熏陆产自印度及邯郸，像枫树的脂，黄白色。印度地区的大多是白色，邯郸的有些泛绿，香味淡，性温和，此物可以治疗风水肿毒等疾病。

9. 乳香

据《陈氏香谱》载："《广志》云：'即南海波斯国松树脂，有紫赤色如樱桃者，名曰乳香，盖熏陆之类也。仙方多用辟邪，其性温，疗耳聋、中风、口噤、妇人血、风，能发酒，治风冷，止大肠泄僻，疗诸疮疖，令内消。今以通明者为胜，目曰滴乳。'"

叶庭珪云："一名熏陆香，出大食国之南数千里深山穷谷中，其树大抵类松，以斤斫树，脂溢于外，结而成香，聚而为块，以象辇之，至于大食。大食以舟载，易他货于三佛齐，故香常聚于三佛齐。三佛齐每岁以大舶至广与泉。广、泉二舶视香之多少为殿最。而香之品十有三：其最上品者为拣香，圆大如乳头，俗所谓滴乳是也；次曰瓶乳，其色亚于拣香；又次曰瓶香，言收时量重置于瓶中，在瓶香之中又有上中下三等之别；又次曰袋香，言收时只置袋中，其品亦有三等；又次曰乳搨，盖香在舟中镕搨在地，杂以沙石者；又次黑搨，香之黑色者；又次曰水湿黑搨，盖香在舟中为水所浸渍，而气变色败者也；品杂而碎者曰斫削；簸扬为尘者，曰缠末。此乳香之别也。"

其实，乳香和熏陆香是同一种香料，也叫"塌香""多伽罗香""天泽香"。原产地是东非埃塞俄比亚沿海，广布于北非的阿拉伯地区。由于被大食商人贩运，被误认为产于大食，再由海船运到三佛齐，并通过朝贡贸易进入中国。

10. 甲香

也叫"水云母""海月"，为蝾螺科动物蝾螺或其近缘动物的掩厣。蝾螺，其壳大而结实，内面略平坦，显螺旋纹，有时附有棕色薄膜状物质；外面隆起，有显著或不显著的螺旋状隆脊，凹陷处密布小点状突起；质坚硬而重，断面不平滑；气微，味咸。《唐本草》记载："蠡类，生云南者大如掌，青黄色，长四五寸，取壳烧灰用之。南人亦煮其肉啖。今合香多用，谓能发香，复聚香烟。"温子皮说，如果没有甲香，可以用鲎壳代替，鲎的尾巴最好。

11. 零陵香

又叫"熏草""蕙草"等，即常与"兰"并称的"蕙"。屈原《离骚》"扈江离与辟芷兮，纫秋兰以为佩"中的"兰"指的就是这种香草。《山海经》记载其可以治疗瘟疫，是中国古代使用极为广泛的一种香草。早在先秦时期就被用于熏焚，以祛除传染性疾病，清新室内空气。

12. 兰香

《川本草》云："味辛平，无毒，主利水道，杀虫毒，辟不祥。一名水香，生大吴池泽，叶似兰，尖长有岐，花红白色而香，俗呼为鼠尾香。煮水浴，治风。"

意思是，兰香的味道有辛味，平和，无毒，利小便，能杀虫辟邪。又叫"水香"，产于吴地池塘沼泽，叶片像兰花，尖而有分叉，花有红白色，有香味，俗称"鼠尾香"。如果用来煮水沐浴，可以治疗风邪。

13. 迷迭香

《广志》云："出西域，魏文侯有赋，亦尝用。"迷迭香味辛温，无毒，多用于熏衣物，祛除异味。

在欧洲，迷迭香被称为"圣母玛利亚的玫瑰"，广泛种植于教堂周围。传说圣母玛利亚带着耶稣逃往埃及时，曾经将洗好的衣物挂在迷迭香上，因此迷迭香气味高贵，具有神的力量。

中国的魏文帝曹丕甚爱迷迭香，写过《迷迭香赋》，他在《迷迭香赋》序中说："余种迷迭于中庭，嘉其扬条吐香，馥有令芳，乃为此赋。"

迷迭香赋

曹丕

生中堂以游观兮，览芳草之树庭。

重妙（叶）于纤枝兮，扬修干而结茎。

承灵露以润根兮，嘉日月而敷荣。

随回风以摇动兮，吐芬气之穆清。

薄西夷之秽俗兮，越万里而来征。

岂众卉之足方兮，信希世而特生。

有趣的是，曹丕的弟弟曹植，才华横溢，也写过一篇《迷迭香赋》。他在《迷迭香赋》序中说："迷迭香出西蜀，其生处土如渥丹。过严冬，花始盛开；

开即谢，入土结成珠，颗颗如火齐，佩之香浸入肌体，闻者迷恋不能去，故曰迷迭香。"

迷迭香赋

曹植

播西都之丽草兮，应青春而凝晖。

流翠叶于纤柯兮，结微根于丹墀。

信繁华之速实兮，弗见凋于严霜。

芳暮秋之幽兰兮，丽昆仑之英芝。

既经时而收采兮，遂幽杀以增芳。

去枝叶而特御兮，入绡縠之雾裳。

附玉体以行止兮，顺微风而舒光。

14. 苏合香

《神农本草》云："（苏合香）生中台州谷。"《西域传》云："大秦国……人合香谓之香，煎其汁为苏合油，其津为苏合油香。"苏合香为金缕梅科植物苏合香树所分泌的树脂，又名"帝膏"。早在东汉时期就进入中国，为达官贵人所喜爱，就连大将军窦宪也曾经托班固帮着买苏合香。苏合香主要做药用，而未见用于熏香。

15. 木犀香

《向余异苑图》云："岩桂，一名七里香，生匡庐诸山谷间。八九月开花，如枣花，香满岩谷。采花阴干以合香，甚奇。其木坚韧，可作茶品，纹如犀角，故号木犀。"

木犀香便是大家常见的桂花。古人见其生长在山里岩石间，便叫作"岩桂"。它和兰、蕙一样，都是我国原产的，早在先秦时期就被用于熏焚或佩戴了。

16. 颤风香

据《陈氏香谱》记载："此香乃占城之至精好者。盖香树交枝曲干，两相戞磨，积有岁月，树之精液菁英结成。伐而取之，老节油透者亦佳，润泽颇类蜜清者最佳。熏衣可，经累日香气不止。今江西道临江路清江镇，以此香为香中之甲品，价常倍于他香。"

这段文字比较简单，无法判断此香是否为沉香的一种。但从产地为越南占城，并且是树枝间互相摩擦产生伤痕所致来看，这与沉香的结香原理有相似性，沉香也是因为有伤痕而导致细菌侵入而结香。所以，笔者猜测这种颤风香可能是沉香的一种。

17. 大食水

据《陈氏香谱》记载："此香即大食国蔷薇露也，本土人每早起，以爪甲于花上取露一滴，置耳轮中，则口眼耳鼻皆有香气，终日不散。"

这种蔷薇露实际是阿拉伯人用蒸馏法提取的蔷薇水，是中国人最早接触的香水。五代时的番将蒲诃散向皇帝敬献了 15 瓶，此后就很少有进贡此物的了。在唐朝时，很多大食人来到长安定居，有的还在中国结婚生子，世代繁衍下去，正是他们将阿拉伯蒸馏技术传到了中原地区。因蔷薇水是靠这种蒸馏技术得以提纯的，所以才叫"大食水"。这种蒸馏法还可以提取茉莉花油和玫瑰油。

二、合香

由南北朝时期的范晔所著的《和香方》已经遗失，对于古代合香的研究不能不说是一大遗憾。不过，从保存下来的序言可以看出，古人对于各种香料的品性都已了解得比较透了。

《和香方序》载："麝本多忌，过分必害；沉实易和，盈斤无伤；零藿燥虚，詹糖粘湿，甘松、苏合、安息、郁金、捺多和罗之属，并被珍于外，无取于中土。又枣膏昏蒙，甲煎浅俗，非惟无助于馨烈，乃当弥增于尤疾也。"在这里，范晔明确指出麝香有很多副作用，如果量多了，肯定有害。而沉香的品性醇和，多一些是不会有害的。枣膏昏蒙，甲馥的气味浅俗，不但对香气无助，反而倍感厌恶。

陈敬在其《陈氏香谱》中记载："合香之法，贵于使众香咸为一体。麝滋而散，挠之使匀；沉实而腴，碎之使和；檀坚而燥，揉之使腻。比其性，等其物，而高下，如医者，则药使气味各不相掩。"

从以上两位香学大家的真知灼见可以看出，所谓合香，就是将各种香料分别以适合的方式研磨，再以一定的比例调制在一起，这样做出的香味各有侧重。这种调制常常采用中药的炮制法，以除去香中的毒副作用。

炮制，分为火制、水制、水火合制，目的是祛除杂质和毒性，导顺治逆，发挥出药材的疗效。早在汉代，炮制的方法就被用于合香。因为各种香料都有一些毒性和副作用，炮制可以去其糟粕，取其精华，使得香味更纯正。

火制是将生药放在锅里翻炒至熟。炮制时讲究火候，小了不熟，药力无法正常发挥，内含的某些毒性不能去除；火候过了则药焦黑，药效全无。火制主要有炒、炙、煅、煨等方法。炒是将药物置锅中不断翻动，炒至一定程度，有炒黄、炒焦、炒炭的不同，使药材便于粉碎加工，并有缓和药性的作用。炙是用液体辅料拌炒药物，能改变药性，增强疗效，减少副作用。煅是将药物用猛火直接或间接煅烧，使药物易于粉碎，充分发挥疗效。煨是用湿面粉或湿纸包裹药物，置热火炭中加热的方法，可减少烈性和副作用。

水制，是用水或其他液体辅料处理药材，称为水制法。水制的目的主要是清洁药物、软化药物、调整药性。常用的有淋、洗、泡、漂、浸、润、水飞等水制法。漂洗是将药物置于宽水或长流水中，反复换水，以去掉腥味或盐分。浸泡是将药物置于水中浸湿立即取出，或将药物置于清水或辅料药液中，使水分渗入，药材软化，除去药物毒性。润是根据药材质地的软硬，用淋浸、洗润、浸润等方法，使药物软化，便于切制饮片。水飞是将研细的矿石类药物，放入水中，提取上清部分再沉淀，如水飞朱砂、珍珠、炉甘石等，其目的是内服时更易吸收，外用时可以减少刺激性。

水火共制是用水又用火的炮制方法，主要有蒸、煮、掸、淬等。蒸是利用水蒸气隔水加热药物，有增强疗效，缓和药性的作用。煮是将水或液体辅料同药物共同加热，可增强疗效，减小副作用。掸是将药物快速放入沸水中，立即取出，目的是在保存有效成分的前提下除去非药用部分。淬是将药物烧红后，迅速投入冷水或液体辅料中，使其酥脆的方法。淬后不仅易于粉碎，且辅料被其吸收，可发挥预期疗效。

具体说到香料的炮制，就比中药的炮制要求更高了，无论水制火制，都要求恰到好处，否则影响香味的正常发挥，甚至失去香味。

首先，香料需要进行清理和粉碎处理。包括拣、摘、揉、刮、切、捣、碾、剉等方法，祛除香材中的杂质，并将香材粉碎。对于此，叶庭珪说："香不用罗量其精粗，捣之使匀。太细则烟不永，太粗则气不和。若水麝婆律，须别器研之。"叶庭珪所说的粗和细，主要是针对香料要适合熏焚之用说的，意味着香材的处理，要以保持或者增强其香味为要。

比如，陈敬在《陈氏香谱》中说，对于乳香，一般是和灯草、糯米等一起研磨，但用水浸入钵中研磨起来很麻烦。如果用纸包裹起来，放进墙壁缝隙里，许久之后取出，就很方便研磨了。

龙脑则"须别器研细，不可多用，多则撩夺众香"。

麝香研磨时，加入一些水，自然就研磨细了，做合香时不能加多了，另外供奉神佛的香中不能加麝香。

檀香的炮制，必须先选出真檀香，剉如和米粒一样大小，用少许慢火炒，等到出紫色的烟，不再有腥气才可以。

古人炮制沉香时，要先细剉，用绢袋盛，悬在一种叫作铫子的陶器之中，不能着底。然后，用蜜水浸泡，慢火煮一天，水干了再加蜜水。到陈敬写《陈氏香谱》时的南宋，已经比较多直接使用，不再用古法蜜炼了。

对于藿香、甘松、零陵香这一类的香草，则拣去杂梗，晒干后揉碎，用簸箕抖扬去尘土就可以了。不可以用水泡，否则有损香味。

甲香的炼制方法比较多，比如先后用炭汁、稀泥、酒煮，煮干后加入蜜，烘烤成黄色。有的还用淘米水反复煮两天两夜。这样才能去掉甲香中的异味和毒性，用于合香之中时，才不会扰乱其他香的品质。

在香炮制好后，需要存放在干燥清洁的陶器瓦罐中，罐口用蜡封上，以免香气泄漏。再将陶器瓦罐埋入地窖，坑深三五寸。等过一个月后取出，这些香料的味道就变得醇和怡人了。

以下挑选了《陈氏香谱》中比较重要的合香方以供鉴赏：

定州公库印香

笺香一两，檀香一两，零陵香一两，藿香一两，甘松一两，茅香半两，大黄半两，右杵罗为末，用如常法。凡做印篆，须以杏仁末少许拌香，则不起尘，及易出脱，后皆仿此。

这里说到一个做篆香的诀窍，就是在香粉中加入一点杏仁末，和匀，这样将篆香木范提起时，不会让香粉飞扬，并且容易取出，不会造成香粉形状坍塌。

和州公库印香

沉香十两，檀香八两，零陵香四两，生结香八两，藿香叶四两，甘松四两，草茅香四两，香附子二两，麻黄二两，甘草二两，麝香七钱，焰硝半两，乳香二两，龙脑七钱。右除脑麝乳硝四味别研外，余十味皆焙干，捣细末，盒子盛之，外以纸包裹，仍常置暖处，旋取烧用。切不可泄气，阴湿此香。于帏帐中烧之悠扬，作篆熏之亦妙。别一方，与此味数分两皆同，惟脑麝焰硝各增一倍，章草香须白茅香乃佳。每香一两，仍入制过，甲香半钱，本太守冯公义子宜所制方也。

百刻印香

笺香三两，檀香二两，沉香二两，黄熟香二两，零陵香二两，藿香二两，土草香半两，茅香二两，盆硝半两，丁香半两，制甲香七钱半，龙脑少许，右同末之，烧如常法。

资善堂印香

栈香三两，黄熟香一两，零陵香一两，藿香叶一两，沉香一两，檀香一两，白茅花香一两，丁香半两，甲香三分，龙脑三钱，麝香三钱，右件罗细末，用新瓦罐子盛之。昔张全真参故传张德远丞相甚爱此香，每一日一盘，篆烟不息。

这里的"罗细末"是指用罗筛出细末用。

龙脑印香

檀香十两，沉香十两，茅香一两，黄熟香十两，藿香叶十两，零陵香十两，甲香七两半，盆硝二两半，丁香五两半，栈香三十两，右为细末，和匀，烧如常法。

又方（即另一种合香方法）：夹栈香半两，白檀香半两，白茅香二两，藿香一钱，甘松半两，乳香半两，栈香二两，麝香四钱，甲香一钱，龙脑一钱，沉香半两，除龙麝乳香别研外，余皆罗细末，拌和令匀，用如常法。

乳檀印香

黄熟香六斤，香附子五两，丁香皮五两，藿香四两，零陵香四两，檀香四两，白芷四两，枣半斤，茅香二斤，茴香二两，甘松半斤，乳香一两，生结香四两，右捣罗为细末，烧如常法。

供佛印香

栈香一斤，甘松三两，零陵香三两，檀香一两，藿香一两，白芷半两，茅香三钱，甘草三钱，苍龙脑三钱，右为细末，如常法点烧。

无比印香

零陵香一两，甘草一两，藿香叶一两，香附子一两，茅香二两，右为末，每用先于花模，参紫檀少许，次布香末。

水浮印香

柴灰一升，黄蜡二块，右同入锅内，炒蜡尽为度，每以香末脱印，如常法，将灰于面上摊匀，次裁薄纸，依香印大小，衬灰覆放敧下，置水盆中，纸沉去，仍轻来以纸炷点香。

宝篆香

沉香一两，丁香皮一两，藿香一两，夹栈香二两，甘松半两，甘草半两，零陵香半两，甲香半两，紫檀三两，焰硝二分，右为末和匀，作印时旋加脑麝各少许。

丁公美香篆

乳香半两，水蛭三钱，壬癸虫郁金一钱，定风草半两，龙脑少许，右除龙脑乳香别研外，余皆为末，然后一处匀和，滴水为丸，如桐子大，每用先以清水湿过手，焚香烟起时，以湿手按之，任从巧意，手常要湿，歌曰："乳蛭任风龙郁煎，手炉爇处发祥烟。竹轩清下寂无事，可爱翛然迎昼眠。"

汉建宁宫中香

黄熟香四斤，白附子二斤，丁香皮五两，藿香叶四两，零陵香四两，檀香四两，白芷四两，茅香二斤，茴香二斤，甘松半斤，乳香一两，生结香四两，枣子半斤，一方入苏合油一钱，右为细末，炼蜜和匀，窨月余，作丸或爇之。

唐开元宫中方

沉香二两，檀香二两，麝香二钱，龙脑二钱，甲香一钱，马牙硝一钱，右为细末，炼蜜和匀，窨月余，取出旋入脑麝，丸之或作花子，爇如常法。

江南李主帐中香

沉香一两（剉细如炷大），苏合香，右以香投油，封浸百日，爇之，入蔷薇水更佳。

又方：沉香一两，鹅梨十枚，右用银器盛，蒸三次，梨汁干即可爇。

又方：沉香末一两，檀香末一钱，鹅梨十枚，右以鹅梨刻去瓤核，如瓮子状，入香末，仍将梨顶签盖蒸三溜，去梨皮，研和令匀，久窨可爇。

又方：沉香四两，檀香一两，苍龙脑半两，麝香一两，马牙硝一钱，右细剉不用罗，炼蜜拌和烧之。

宣和御制香

沉香七钱，檀香三钱，金颜香二钱，背阴草、朱砂二钱半，龙脑一钱，麝香、丁香各半钱，甲香一钱，右用皂儿白水浸软，以定盌一只慢火熬，令极软。和香得所，次入金颜脑麝研匀，用香蜡脱印，以朱砂为衣，置于不见风日处，窨干，烧如常法。

赵清献公香

白檀香四两，乳香缠末半两，玄参六两，右碾取细末，以熟蜜拌匀，入新瓷罐内封窨十日，爇如常法。

后蜀孟主衙香

沉香三两，栈香一两，檀香一两，乳香一两，甲香一两，龙脑半钱，麝香一钱，右除龙麝外，用秆末入炭，皮末朴硝各一钱，生蜜拌匀，入瓷盒，重汤煮十数，沸取出，窨七日，作饼，爇之。

雍文彻郎中衙香

沉香、檀香、栈香、甲香、黄熟香各一两，龙麝各半两，右捣罗为末，炼和匀，入瓷器内密封，埋地中一月方可爇。

苏内翰贫衙香

白檀香四两，乳香五粒，麝香一字，玄参一钱，右先将檀香杵粗末，末次将麝香细研，入檀香，又入麸炭细末一两，借色与玄乳同研，合和令匀，炼蜜，作剂入瓷器罐，蜜封埋地一月。

钱塘僧日休衙香

紫檀四两，沈水香一两，滴乳香一两，麝香一钱，右捣罗细末，炼蜜，拌入和匀，圆如豆大，入瓷器久窨可爇。

衙香

沉香半两，白檀香半两，乳香半两，青桂香半两，降真香半两，甲香半两，龙脑半两，麝香半两，右捣罗细末，炼蜜，拌匀，次入龙脑麝香，搅和得所如常爇之。

延安郡公蕊香

玄参半斤，甘松四两，白檀香二钱，麝香二钱，的乳香二钱，右并用新好者杵罗为末，炼蜜和匀，丸如鸡豆大，每药末一两入熟蜜一两，末丸前再入白杵百余下，油纸蜜封，贮瓷器，施取烧之作花气。

宣和贵妃黄氏金香

占腊沉香八两，檀香二两，牙硝半两，甲香半两，金颜香半两，丁香半两，麝香一两，片白脑子四两，右为细末，炼蜜先和前香，后入脑麝为丸，大小任意，以金箔为衣，爇如常法。

古龙涎香

沉香半两，檀香、丁香、金颜香、素馨花各半两，木香、黑笃实、麝香、各一分，颜脑二钱，苏合油一字许，右各为细末，以皂子白浓煎成膏，和匀，任意造作花子。佩香及香环之类，如要黑者入杉木㸆炭少许，拌沉檀同研，却以白芨极细作末，少许热汤调，得所将笃耨苏合油同研。香如要作软者，只以败蜡同白胶香少许，熬放冷，以手搓成铤。

又方：占蜡沉十两，拂手香三两，金颜香三两，蕃栀子二两，梅花脑一两半，龙涎香二两，罗为细末，入麝香二两，炼蜜和匀，捻饼子爇之。

白龙涎香

檀香一两，乳香五钱，右以寒水石四两煅过，同为细末，梨汁和为饼子，焚爇。

香球

石芝、艾纳各一两，酸枣肉半两，沉香一分，甲香半钱，梅花龙脑半钱，麝香少许，右除脑麝同捣细末，研枣肉为膏，入熟蜜少许，和匀，捻作饼子，烧如常法。

李王帐中梅花香

丁香一两一分，沉香一两，紫檀半两，甘松半两，龙脑四钱，零陵香半两，麝香四钱，制甲香三分，杉松麸炭四两，右细末，炼蜜和匀，丸窨半月，取出爇之。

梅花香

苦参四两，甘松四钱，甲香三分，麝香少许，右细末，炼蜜为丸，如常法爇之。

又方：沉香、檀香、丁香各一分，丁香皮三分，樟脑三分，麝香少许，右除脑麝二味乳钵细研，入杉木炭煤四两，共香和匀，炼白蜜拌匀，捻饼入无渗瓷器窨，久以银叶或云母衬烧之。

李元老笑兰香

拣丁香、木香、沉香、檀香脂、肉桂、回纥、香附子各一钱，麝香、片白脑子各半钱，南硼砂二钱，右炼蜜和匀，更入马勃二钱许，搜拌成剂，新油单纸封裹入磁盒，窨一百日取出，旋丸如豌豆状，捻之溃酒，名洞庭春。

瑞龙香

沉香一两，占城麝檀、占城沉香各三钱，迦兰木、龙脑各二钱，大食栀子花、龙涎各一钱，檀香、笃耨各半钱，大食水五滴，蔷薇水不拘多少，右为极细末，拌和令匀，于净石上捺，如泥入模脱。

蜀主熏御衣香

丁香、栈香、沉香、檀香、麝香各一两，甲香三两，右为末，炼蜜放冷，令匀，入窨月余，用如常。

龙涎香珠

大黄一两半，甘松一两三钱，川芎一两半，牡丹皮一两三钱，藿香一两三钱，三奈子一两三钱，白芷二两，零陵香一两半，丁香皮一两三钱，檀香三两，滑石一两三钱，白芨六两，均香二两，白矾一两三钱，好栈香二两，秦皮一两三钱，樟脑一两，麝香半字，右圆晒如前法，旋入龙涎脑麝。

除了以上摘录的合香之外，还有许多香方，包括宫廷和内府所创的香方，也有制香世家的独门合香，林林总总，令人叹为观止。难能可贵的是，古人除了将香用于熏焚外，还将合香之法用于制茶，并记录下来，为我们提供了另一种品味沉香之美的乐趣。

这种香茶的配方为："上等细茶一斤，片脑半两，檀香三两，沉香一两，旧龙涎饼一两，缩砂三两，罗为细末，以甘草半斤，到水一碗半，煎取净汁一碗，入麝香末三钱，和匀，随意作饼。"

还有一种有名的香茶叫"经进龙麝香茶"，配方为："白豆蔻一两，白檀末七钱，百药煎五钱，寒水石五分，麝香四钱，沉香三钱，片脑二钱半，甘草末三钱，上等高茶一斤，右为极细末，用净糯米半升煮粥，以密布绞取汁，置净盆内放冷，和剂不可稀软，以鞭为度。于石版上杵一二时辰，如粘，用小油二两煎沸，入白檀香三五片，脱印时以小竹刀刮背上令平。"

香茶起源于宋代。除了上面的配方外，还有许多配方，但最核心的原料应该是龙脑香。最为著名的香茶是福建的"北苑贡茶"，有"前丁后蔡"的说法。"前丁"为丁谓，"后蔡"为蔡襄。丁谓在任福建转运使时对北苑贡茶进行改造，先后造龙凤团茶，并以香入茶，在进献皇室的茶中加入龙脑，使北苑贡茶芳香可口，满屋飘香，名声大震，从此深得皇家喜爱。后蔡襄任福建转运使，改制龙凤团茶为小龙凤团茶，被誉为珍品，成为当时官宦争购的宝贝。

除了皇家以外，当时的民间也在造香茶。他们将上等的好茶叶，加入菊花、玫瑰、茉莉之类的香花，再混合进龙脑、沉香，最后制成茶饼，或者是将龙脑等香料与茶饼一起装入密封的瓦罐里窖藏，等三天以后取出。这样的茶芳香四溢，对人体极为有益，可以提神醒脑，舒缓心情，增强免疫力，改善体质，是一种极好的保健养生茶。

香茶极具保健作用，相信在不久的将来，会成为一种新的保健品而风靡全国。

三、沉香鉴别

当代用于香席和香道的沉香，推崇使用野生沉香，以体现沉香的奇妙香气。不过，由于野生沉香稀少，市面上能见到的野生沉香很少，一些不法商家趁机以假冒伪劣的人工沉香，或者是白香木作伪，以冒充天然的野生沉香，这种情况已经到了泛滥的程度。更有甚者，直接用竹子经浸泡香油后，加工成珠子做成佛珠手链，当野生沉香卖。尤其是一些高仿品，更是达到了以假乱真的地步。

笔者不才，对野生沉香的鉴定是门外汉，但希望尽可能地与诸位读者朋友一起探讨沉香的鉴伪，希望起到抛砖引玉的作用。

和所有的收藏品一样，假沉香一定会有破绽露出。要发现这些破绽，首先要克服自己内心的捡漏思想。野生沉香被采香人从茫茫林海中采出来是极为不易的。越南占城、会安自古就是上等沉香的产地，经过上千年的采伐，野生沉香踪影难觅。附近山里的香民们一进山就是数月之久，要忍受风餐露宿、蚊虫叮咬之苦，以及蛇兽的威胁。除了这些还得祈求好运，才能发现一块真正的野生沉香。而且，越南等国已经禁止采伐野生沉香，我国更是将野生沉香树列为珍稀保护植物。而在采出沉香后，会有守在寨子里的沉香贩子立即收购，然后再贩运到沉香集散地，如越南河内、胡志明市，泰国的曼谷等地。在集散地一般会有大的沉香商家收购贩子手里的沉香，再卖给沉香收藏家或者是辗转卖到中国、日本。由此可见，一块真正的野生沉香通常都经过了众多靠沉香讨生活之人的手，而在经过那么多行家之后，要买到遗漏的便宜真品，几乎是不可能的。正所谓一分钱一分货，沉香在古代就是"一片万钱"，到了日渐稀少的今天，价格也没有便宜的道理。

其次，不能盲目听信商家的忽悠。在没有野生沉香的情况下，以次充好，以假乱真，图谋暴利，是不法商家的发财之路。而一些有良知的厚道商家，会守法经营，比较诚信。避免和不法商家打交道，就要避免听信"故事"。在收藏界，擅长"讲故事"、吹嘘藏品来源的人，一般其藏品都可疑，值得警惕。和诚信的商家打交道，会减少上当受骗的概率，同时虚心请教，也能学到很多书本上看不到的知识。

有了上面两条，最终还是得落实到对沉香的鉴别上。一切以实证为准，当然得先树立相对正确的沉香知识。应该正确区分沉香的关键概念，比如是否沉于水。沉香是产自瑞香科树木的一大类香料的统称，有能沉水的沉香，俗称"沉水香"；也有不能沉水的，包括栈香和黄熟香。沉水香的价格自然要大大高于栈香和黄熟香，香味也更醇和清远。但是，大家不能以是否可以沉于水而断定其价值高低，因为品质最好的棋楠也是不沉于水的。

又比如，要认识到沉水香和水沉不是一个概念，关于这一点前文已有提及。真正的水沉，是香民们用带钩的长杆，在沉香产区的沼泽里一点点去刺，如果刺中水里的木头，会有感觉，然后他们根据带出的木屑，判断出木头是否是沉香木。如果确定是沉香木，他们再想方设法将木头捞起，运气好的话，从中采出的沉香就是水沉。水沉以越南的最好，但很稀少；印度尼西亚的水沉相对来说要多一点，有时发现一棵树后能采几千克沉香，但印度尼西亚的水沉腥气重，质量较差，气味还不如好的栈香和黄熟香。

另外，鉴别沉香不能以名称和产地去看，最关键之处还在于看其油脂的品质。

沉香之所以有香味，就在于含有油脂。这些油脂藏于木身的油脂线里。如果用看瓷器收藏专用的折叠式显微镜，或者是用看珠宝的放大镜，会看到这些油脂线呈细密排列，油脂有金色反光，呈现出很自然的不规则感。而人工种植的沉香木，浸泡香油后，所产生的不是细密的油脂线，而是一片不清晰的油浸体，油脂线是不清晰的，没有油脂线和木材的界限。如果油脂线不清晰，或者根本就没有油脂线，那么基本都是假沉香。这些假沉香，在东南亚一些地区有成熟的产业链，是专门针对中国游客的。

沉香鉴别时，在主人允许的情况下，切下一丝用烧的方法比较可靠。假沉香是靠工业香精产生香味，和野生沉香熏焚时产生的气味是有差别的。不过，这细微的差别需要有一定经验的人才可察觉。由于气味的区别无法量化，往往存在一定的感觉误差和经验误差，但用于区别一些作伪的沉香，却是很多藏家的不二法门。假沉香的香味，在焚烧时会产生一种腻味感，有的会有恶心感。这是因为作假的商家鉴于成本，不可能使用高级香精来浸泡沉香，一般都是采用低劣的香精，一旦焚烧则产生的气味自然与野生沉香区别很大。为了躲避买家这样的鉴别方式，商家们倾向于销售沉香的成品，即佛珠、雕件等等，这样就有理由拒绝切丝燃烧。由于切丝对沉香有一定的破坏，有的沉香无法切丝燃烧鉴定。如果允许的话，可以用烧红的针去刺入隐秘部位，看所发香气是否清新，如果有恶心的气味，或者是闷人的气味，那必假无疑。而野生沉香经过了几十年乃至上百年的自然造化，已经洗净铅华，气味醇和奇妙，沁人心脾。当切丝燃烧后，其香味使人愉悦，有远近的变化，有前香后香的变化；假沉香则没有变化，没有灵动感，给人以僵化之感。

另外，野生的沉香一般不会开裂，如果遇到开裂的沉香，就要引起警惕。

对于全黑的沉香，不法商家会吹嘘为含油量高，70% 的含油量都可以脱口而出。据专家分析，全黑的沉香极为可疑。沉香油脂的分布是自然且不规则的，不会到处都是均匀一片的黑色，而应该是黑白间杂，呈现出麻色，有浓有淡。全黑者，一般为泡油所得。这类泡油所得的沉香，充斥着市面，如果将这类佛珠切开，会发现其内部也是均匀的黑色，而真的内部也应该是黑白混杂的。这类假沉香，有个最大的弱点，就是怕烧，一旦烧之，会膨胀并冒黑油，还伴随着恶心的气味。还可以采用水泡的方式，泡上一昼夜，如果颜色有减弱，那么是低级沉香木浸泡香油冒充高档沉香的可能性很大。

除了以低级沉香木浸泡香油冒充高档沉香的手段以外，还有用非沉香木来作假的，此手段更加恶劣。比如，用树藤浸泡药水后制作的佛珠，冒充海南沉、棋楠，喊价颇高。这种沉香佛珠由于是药水浸泡，因此用高倍放大镜查看其油脂线，是没有金色闪光点的，而且气味明显不对。

有一些不法商家以"药沉"来欺骗对沉香一无所知的顾客，说其是沉香的一种。其实，这种所谓"药沉"就是用药水浸泡出来的假沉香，连沉香木都不是。而且，这种假货对人体有害，甚至造成皮肤炎症和严重的过敏反应。相当一部分"药沉"，就是全黑的，且以佛珠为多，充斥于市面上。

还有一些商家利用所谓的"黑药球"来冒充土沉。这种黑药球全黑，但黑得没有光泽感，黑色很均匀，没有不规则感。而且这种"黑药球"重于真的沉水香，几乎都能沉入水中，被一些商家忽悠为水沉、土沉等高档沉香。其实这些连沉香木都不是，只是比沉香木硬的木头而已。

黑药球

用竹子作伪的佛珠，仔细看会发现其油脂线的孔径比较粗，而沉香的油脂线是细密的。

市面上还有一种被称为"胖大海"的假沉香，是以假材料压缩制成。这类"胖大海"常被用作雕件，但其有个致命缺陷，就是泡水会发胀，因此得名"胖大海"。仔细观察，会发现其没有清晰的油脂线，全是一片一片的油脂，而且这类伪品容易开裂。不过，对于水泡这种方法，一部分压缩沉也能躲得过去。

根据业内资深玩家的见闻，现在市面上最具杀伤力的假沉香就是压缩沉，是高仿品的主要来源。这样的压缩沉动辄数万，甚至几十万，与那些作伪后仍按低档货、纪念品价格出售的假沉香是不一样的，是不良商家敛财骗钱的主要手段。不管是哪种压缩沉，用高倍放大镜仔细观察，就会发现其缺陷，尤其是油脂线与真沉香不同，这才是鉴别是否是压缩沉的关键。近年来，压缩沉特别集中出现在佛珠手链里，有的一串佛珠甚至颗颗沉水，自然价格高达数万或数十万，其实是依靠机器高压破坏而成。因此，在选购沉香佛珠时，要特别小心压缩沉。压缩沉里面有一种被称为"石头沉"的高仿品，用高倍放大镜可以发现这种石头沉的外表油脂线被严重压缩，从而导致油脂线导管口被压扁，油脂线被严重破坏，相邻的导管口连接在了一起，甚至无法分辨导管口。而真正的活沉香（即未被压缩的沉香，此说法是因为压缩沉其实也是真沉香所制成，由低档货压制成高端货，由不沉水的沉香压制成沉水的）的导管口是自然排列的，没有相连（有的天然沉水香，用高倍放大镜来看，其导管口也相连了，但油脂正常分泌，油脂线也正常排列，属于正常现象）。

作为传统沉香出产国的越南，现在已经成为假沉香和高仿沉香的加工源头，称为"越南 B 货"。除了用压缩沉做高仿品雕件外，还用一种所谓的"死人沉"来冒充沉香。这种"死人沉"是一种和沉香树不同的植物所结的油脂分泌物，也是自然形成，其外形和真沉香极为类似，常常使得很多人上当受骗。鉴别这种"死人沉"只能用火烧的方法，一烧便显出原形——其味恶臭，其烟黢黑。

有一种佛珠，上面有明显的黑色纹路，叫作"虎斑"。真正的虎斑纹路的黑色呈渐变状，很自然。假的虎斑纹路周围分界明显，没有渐变，是画上去的。虎斑沉香多见

被称为"死人沉"的假沉香

于印度尼西亚所产星洲沉，由于气味差一些，并且由鹰木所结，木质坚硬，所以适合车制佛珠等物。

对于沉香的黑色，要注意辩证地看。好的沉香为乌文格，外表看上去乌黑发亮，有美丽的光泽。但此类沉香极为稀少，宋代丁谓就已经将这类沉香列为"十二状之首"，其品质应该说仅次于棋楠。那么，面对中国市场上随处可见的黑色沉香、水沉、土沉，自然就要摇头叹气了。而且，朋友们最好不要有捡漏的心理，就算遇到真的乌文格，其价格恐非普通人能承受。因此，希望买到乌黑色沉香，或者是棋楠的朋友，最好放平心态，这样不至于被骗。

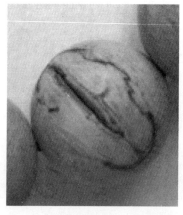

真虎斑

假虎斑

由于沉香的收藏在国内兴起不久，还没有一个权威的鉴定机构和鉴定方法，藏家们主要凭经验去鉴别。而经验往往有不可靠之处，尤其是面对一些高仿品时。在古玩界，已经有采用高科技设备来检测藏品的，比如采用碳排放测定，这样的检测与经验一起做出的鉴定才是比较可靠的。现在检测沉香，缺乏的就是这样可靠的手段。如果对其测油脂的成分，难以区分其和工业香精的细微差别；如果测是否用常见的药水浸泡，难免有漏掉的新药水。而且现在沉香也是没有标准的，对其香味更不可能形成一个标准。什么才是丁谓说的"醇和深远"，这如何能得到一个统一的标准呢？

因此，鉴别沉香，现在还只能凭经验。以笔者之见，最可靠的方法就是先用收藏专用折叠式显微镜，仔细观察沉香的油脂线、色泽、细密度；再切丝熏焚，闻气味。这样的方法，应该可以排除掉大部分市场上的假冒伪劣沉香了。但是，对于出自越南的高仿品，还是很难鉴别，只能多看样品，反复对比，细心研究沉香造假的种种手段。

当然，在沉香鉴定上学无止境，多向前辈学习讨教，多上手摸，多看，多听，少掏钱，这是错不了的。在广东和台湾有许多香友，他们的经验丰富，对越南、柬埔寨、泰国、印度尼西亚的沉香市场都有长时间的了解，知道作假的种种手段，也见多识广，有的香友甚至还收藏有真正的棋楠。他们的经验，都是沉香鉴定的宝贵知识，值得我们虚心学习。

另外，由于网络购物的兴起，沉香的收藏也与时俱进，与网络紧密联系了起来。但麻烦的是，网友们常常困惑于网络购物的真伪鉴别。事实上，网络购物和一些有关沉香的论坛，确实充斥着大量假货，使得部分网友深受其害。但是，网络时代的来临，是我们每个人都不得不面对的，它拉近了我们的距离，降低了我们购买沉香和学习沉香知识的成本，也给了我们更多更方便的选择和对比。网络只是一个新的购物渠道，一种新的消费方式，比街面店铺少了一些成本。如果没有假货的话，网购应该是一种非常好的消费方式。俗话说得好："不怕不识货，就怕货比货。"而网络购买沉香的关键还是在于人，也就是说你是从谁的手里买沉香。当你遇到的是一个无良的商家，无论是在网络上，还是在实体店，或者是装修豪华的大商场，都很难不被欺骗。如果遇到的是一个厚道守信誉的商家，那么网络上也不会欺骗顾客。以笔者的经验看，网络上的沉香，并非洪水猛兽那样可怕。一些购物网站的沉香，甚至比实体店的还要物美价廉；有的商家虽然有明显的吹嘘成分，但价格却并没有虚高，还是较为合理的价格。一些有关沉香的论坛，还有一些资深玩家，经常和网友们一起探讨沉香的来龙去脉，互相学习如何鉴别假沉香，区分各种沉香的品级。一些有作伪嫌疑的沉香，其图片被发上这些论坛后，马上会被资深网友发现，并准确说出作伪之处。而且各地的网友将自己的所见所闻综合起来，很多沉香作伪之法无处遁形。他们的言论里不乏真知灼见，甚至是相当专业的意见。

以上这些，都是快速学习沉香知识的好渠道。对于沉香的鉴别，永远是山外有山，人外有人。保持一颗平常之心和谦虚之心，我们就会发现真正的沉香之美。

四、沉香漫谈：会安沉和星洲沉

在所有的香料里，沉香以其清新奇妙且富于变化的独特香味，自古便被誉为"香王"。并且无论是中国的香席，还是日本的香道，或者是中东人的熏香，都以沉香为上品。由于香席对香材的要求颇高，并非所有沉香都可用于熏香，其要求沉香的香味清新淡雅，腥辣刺鼻的不用，人工沉香由于结香时间太短，也不能使用，这就是所谓的"入品"。沉香主要产区在东南亚各国，包括越南、老挝、柬埔寨、泰国、印度尼西亚、马来西亚。我国的沉香主要有海南沉香、广东白木沉香、云南沉香，但野生的资源几乎绝迹，现在仅在云南西双版纳地区还有一些野生沉香，且被境外犯罪分子偷采，破坏严重。

东南亚的沉香，按照香学大家、香友们的区分和市场的惯例，分为会安沉和星洲沉两大系列。会安是越南中部地区的一个古城，自古就是沉香交易的集散地，属于中国古代典籍所称的占城地区，其香市贸易由越南官方控制，这个地区流通交易的沉香因此得名为"会安沉"。现在市场上所说的会安沉，并非专指越南沉香，而是包括越南、老挝、泰国、柬埔寨的沉香。在香席中，由于海南沉香的缺位，遂以越南沉香为上。

越南出产沉香的省份有广平省、广治省、广南省、庆和省、嘉莱省、昆嵩省、达乐省、宁顺省等。其中，庆和省的芽庄市附近山区所产沉香，被称为"芽庄"，驰名海内外。越南沉香的香味清新怡人，醇和深远，似乎略带一点香甜味和麻凉感。真正的越南沉香，不管是生香还是熟香，不会有花哨的感觉，整个香材颜色比较单一（但也非绝对）。越南沉香中的土沉比较著名，可大致分为黄土沉、黑土沉、红土沉。顾名思义，黄土沉就是成熟后被埋入黄色土壤中的沉香，黑土沉是成熟后被埋入黑色土壤中的沉香，而红土沉则是被埋入红色土壤中的沉香。越南沉香以红土沉最为昂贵。必须引起重视的是，有不少无良商人，将产自老挝的沉香，带去越南埋入当地的土壤里，以此冒充价格昂贵的越南土沉。真正的越南土沉，香味美妙婉转，有前香后香的变化，细细品来，有甜香之感和麻凉之感，是香席使用的上品。

越南土沉（高山乌龙摄）

其中，黄土沉可细分三等。一为黄土片料，属于黄熟香品级，适合用于打制沉香粉，制作线香，其香味比较香甜。二为黄土，个体较大，主要适合收藏用。三为黄油，是第二等级黄土中的精品，可入品用于闷香和空熏，香味清新淡雅略带甜味。

黑土中的小料，又叫"黑土皮子"，气味甚佳，可以入品，麻凉感比较明显。

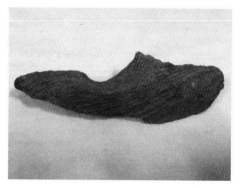

未清理的越南红土沉（高山乌龙摄）

红土沉的个体一般比较小，是越南土沉中的极品，气味清凉香甜，富于变化，价格也最高。

藏家的棋楠大部分来自越南。对于棋楠的来源，业内有不同的说法，一说是沉香的一种，另说为专门的树产棋楠。这两种说法都有待科学家进行深入研究，以为业内统一标准。比较麻烦的是，什么品级的才算是棋楠，

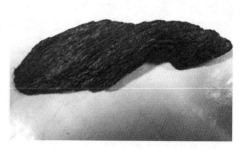

清理后的越南红土沉（高山乌龙摄）

这是仁者见仁、智者见智的事情，但大都遵从古人对棋楠的定义，比如质地较软，削之如泥，卷曲，有麻凉之感，用指甲也能在上面掐出印记来。根据古人《香谱》中对棋楠的解释，黄腊沉应该是海南棋楠的别称。另外，伽楠、奇楠都是棋楠的别称。

在香席中，以棋楠为极品。但棋楠由于比较珍贵，大多被藏家收入内室，舍不得用于熏焚。因此，香席上是见不到棋楠的。现在，市面上有许多佛珠号称"棋楠"，什么绿棋楠、白棋楠等等，对此应抱着怀疑的态度去看。棋楠质地较软，本不适合制作佛珠，况且极其珍贵，怎么会被用于制作佛珠呢？有良心的商家，可能是用好点的沉香冒充棋楠，黑心商家甚至用"压缩沉""死人沉"来坑害广大香友。很多佛珠连沉香都不是，用药水浸泡，用竹子、树藤车制的情况已经在业界泛滥。因此，笔者建议一般应少买高价位的佛珠，尤其是对号称"水沉""棋楠"的佛珠、雕件应该保持一颗平常心，不要有捡漏的心理。

其实用沉香车制的佛珠，随身携带有保健功效，又兼具收藏价值，为广大香友们所喜爱。下面是佛珠车制的过程（刘艳摄），供大家品味。

1.锯开成固定厚度的原材料

2.片料

3.准备上机床切割

4.切割成佛珠大小的尺寸

5.切好的块料

6.切剩的料，用于打制香粉

7.准备车制成圆珠

8.打孔

9.车制成型的佛珠，只需打磨就好

与越南比邻的老挝，古代称为"寮国"，其阿速坡省也出产沉香，被归于会安沉一系。老挝的沉香，相比越南来说，其香味和品级略差一些，一般很难见到棋楠、红土沉这些品级的沉香，但也有其特点。由于老挝沉香开发比较晚，现在还有一定的产量供应市场需求。与越南一样，老挝的沉香也是产自蜜香树，这可能也是会安沉略带香甜味的原因。而中国海南和广东的沉香是产自白木香树，尽管两种树都属于沉香属树木，但蜜香树因其甜味及松软的质地，容易招来虫蚁的啮咬及菌类侵袭，所以沉香产量相对较多。

老挝鸡骨沉香（马晶摄）

老挝土沉（马晶摄）

老挝沉水帽壳片结（马晶摄）

老挝沉水片结（马晶摄）

蜜香super（马晶摄）

老挝沉香的含油量比较高，颜色较深，档次较低的帽壳片料比较多，适于打制沉香粉和提炼沉香油。而蜜香由于油脂含量大、香味清甜，属于老挝沉香中的精品，深受香友们喜爱，可用于熏香。

柬埔寨古称"真腊""高棉"，一直与中国有贸易往来，中国古代的学者也对真腊、高棉多有提及，记述柬埔寨风土人情和物产的书籍也有很多。柬埔寨沉香外形类似印度尼西亚的沉香，有黑色斑纹，但其仍是蜜香树所产。在菩萨省山区产出的沉香，被人们习惯称为"菩萨沉"，其油脂含量高，香味浓郁，最大的特点是带有一点花香味。中东地区对柬埔寨沉

高棉壳子香（门春宁摄）

高棉鹧鸪斑（门春宁摄）

高棉鹧鸪斑细节（门春宁摄）

高棉特级熟香（门春宁摄）

高棉特级熟香背面（门春宁摄）　　　　　　　高棉生结沉水（门春宁摄）

香比较偏好，是最大的消费地区，主要用于阿拉伯熏香和提取香油。

　　泰国由于采香历史悠久，现在已很难见到野生沉香，但其已经开发了一些人工种植的沉香林，并取得一定成就。同时，曼谷也是东南亚的沉香贸易中心，聚集着来自越南、老挝、柬埔寨和印度尼西亚的沉香，供全世界的香客选购。

　　缅甸沉香由于产量比较少，市场上的知名度不太高。缅甸沉香主要产于南部的丹老地区，其他一些地区也有少量沉香出产。缅甸沉香的品质逊于柬埔寨沉香，不如柬埔寨沉香气味清香。

缅甸的壳子料（门春宁摄）　　　　　　　　缅甸的熟结香（门春宁摄）

　　星洲沉是因为沉香常在新加坡交易而得名，包括印度尼西亚和马来西亚的沉香。一般来说，星洲沉由于香气略逊于会安沉，不被熏香使用，所以现在还有大量野生沉香。与会安沉不同之处还在于，星洲沉是出自鹰木，而非蜜香树所结沉香。这种鹰木木质较硬，因其带有类似老鹰翅膀的黑色花纹而得名，所以星洲沉的木质是所有沉香里最硬的，适合做雕件和佛珠。鹰木

印度尼西亚沉香（网友"黄鹤楼春秋淹城"供图）

加里曼丹水沉（网友"黄鹤楼春秋淹城"供图）

的油脂线比蜜香树的粗大一些，而且印度尼西亚和马来西亚的气温更高，日照更强烈，这样使得所结沉香与越南沉香区别就很大了。星洲沉结香体积比较大，产量也大，同时香味又不能达到香席的要求，这样的沉香最适合入药和做雕件。值得注意的是，日本香道常使用星洲沉。现在市面上的沉香雕件，也以星洲沉为多。

细品星洲沉，会发现其略带一点腥味，甚至有沼泽气。据说，印度尼西亚的香民们常在沼泽里，用带钩的长竿往泥沼里刺，试探下面是否有木头。如果刺到木头，就根据钩出的木屑判断是否为沉香。如果是则花费力气将其挖出，这样的沉香往往有沼泽气也就不难理解了。并且这样得到的沉香是真正的水沉，有时运气好能得到很多，只是由于印度尼西亚的沉香为鹰木所结，香味不如会安的蜜香树所结沉香。

星洲沉里最负盛名的是达拉干。达拉干是一个小岛，属于加里曼丹岛的东加里曼丹省，为热带雨林气候，所以这个产地的沉香因太平洋气候和地理位置等因素，油脂要比西北加里曼丹和文莱更为饱满，并且成片出现的。从外观上看，高品级的达拉干沉香原料有比较独特的油线纹路，做出佛珠后有非常美丽的外观。另外，达拉干在常温下有种奶香，香味浓郁，且层次感丰富，还带有一点凉意。

除了达拉干沉香外，市面上还常见到所谓的"马拉OK"。这种沉香产自伊利安一带的海岸，香味略带药味，外观呈黄褐色。还有马泥劳的虎斑沉香，是产自马泥劳岛。产自加里曼丹等以地名命名的沉香，也常见于国内市场。

马来西亚的沉香也属于星洲沉，分为西马沉香和东马沉香。西马沉香油脂线非常细腻，多有沉水产出，但香味不如越南沉香和柬埔寨沉香。西马沉香由于地理位置和气候与泰国、柬埔寨接近，所以其外观有些类似会安沉，但区别在于，会安沉香气淡雅清新，而西马沉香味道浓郁，香味差。靠北的西马沉香色略带土黄，靠近南部的西马沉香，则黑白分明。

东马沉香的产量不如西马沉香，东马沉香的特征是油脂乌黑发亮，西马沉香是略带土黄色。东马靠近文莱一带的沉香，香味有一丝清凉甘甜之感。其他的东马沉香，其香味都是凉而略带一点草药味，比较清香。

马来西亚的沉香由于香味品级要差一点，因此价格也相对便宜，适合做雕件、佛珠等，市场上也比较多见。

马来西亚沉香（门春宁摄）　　　　　　　马来西亚沉香（门春宁摄）

除了以上国家所产沉香被归于会安沉和星洲沉外，还有斯里兰卡的沉香，由于很少出现在传统的曼谷市场、会安市场和新加坡市场，既没被认为是会安沉，也没有肯定说属于星洲沉。斯里兰卡的沉香，味道香中带甜，凉意足，穿透力比较好，主要销往中东地区。

斯里兰卡生结沉水（门春宁摄）　　　　　斯里兰卡沉香（门春宁摄）

第三编　香席表演

所谓"香席"，即以香味为品尝、鉴赏的席间之物，通过心灵的修持和情感的共鸣，而构成的文化活动。香材虽多，却以沉香为王，作为香文化的外在形式，香席自然便以熏焚沉香为主要形式。

　　宋朝虽然在军事上羸弱，但却是中国历史上文化与经济高度繁荣的时期之一，社会各方面都富庶安逸。正如《清明上河图》中所绘的那样，繁华的汴梁，熙攘的市井，遛鸟逗狗的富家公子，穿绸佩玉的大家小姐，杂耍的艺人，都展示着宋朝经济文化的繁荣和社会生活的多姿多彩。随着社会的开放、物质生活水平的提高，加上海上贸易的发展，昂贵的香料开始走出宫廷，不再是由皇家独享的朝贡品。来自东南亚和阿拉伯的客商，用巨大的帆船将占城的沉香、印度的檀香、阿拉伯的乳香都带到临安、泉州，在"一片万钱""一两沉一两金"的惊呼声中，这些香料在人们羡慕的眼神中，和着吟唱的词曲，开始以一种精致而高贵的方式，出现在爱香之人的面前，这就是香席。

　　香席，是中国香文化的核心与精髓，也是香文化与艺术的结晶。在经过了先秦、秦汉、魏晋南北朝和唐代的发展后，在宋代达到顶峰，并形成香席的雏形。据《梦粱录》记载，在宋朝的临安，已经有"香婆"这一专门职业，每日在茶楼酒肆之间兜售香药。还有每天到各家各户去印香的"供香印盘者"，印好香就离去，到月底才结账。还有专门的香药局，掌管着庆典祭祀、婚丧嫁娶中与香有关的一切事宜。当时，烧香已经成为"四般闲事"之一，成为人们日常生活不可或缺的一部分。而这个"供香印盘者"就是香席师的祖师，他们所做的印香，一代代流传下来，成为今天的篆香，和闷香、空熏一起成为香席的一部分。

　　刘良佑先生指出，香席是"经过用香工夫之学习、涵养与修持后，而升华为心灵飨宴的一种美感生活，是一种通过'香'做媒介，来进行的文化活动"。

　　也就是说，香席主要是一种文化活动，是修持心灵的。那么，魏晋时期石崇对沉香的奢靡浪费自然不可能是香席；隋炀帝在除夕之夜，将沉香、甲香以车计用于烧香山，肯定也不是香席；而大唐盛世皇亲国戚之间比赛香料的斗香，由于只有赛，而没有品闻香气之优劣，体会沉香气味的妙趣，也无法说是香席。只有到了宋代，文气郁郁的江南大地，才子辈出，词曲绝唱，将香与素雅淡泊的文化风尚结合到了一起，这才催生出香席。

　　也是在宋代，丁谓、苏东坡、黄庭坚、洪刍、陈敬等一大批文人雅士，将文学与艺术的灵魂注入对沉香的品味之中，写出一部部高山仰止的香学名著和婉约豪放的诗词，形成对沉香的系统化研究与闻香品鉴的方法，将香文化推上了巅峰。

虽然在晚清至民国，中华文明遭受了文化巨殇，很多优秀文化被摧残，甚至是被毁灭。但在改革开放后，有的文化活动又随着文艺和经济的繁荣而重见天日。香席就是其中之一。它在唐宋时期传播到日本后，与日本的香文化结合在一起，形成了极具日本文化特色的香道。这样一来，当我们开始重新寻找失落的文化时，往往会惊喜地发现，日本还完好地保存了那些精致的东西，以此结合着中国古代的典籍，一点一点地将香席整理出来，呈现在世人面前。

香席是一种文化活动，一般邀约一些爱香友人小聚于香室，共品沉香的奇妙香味，所以，往往带有一点的表演性质，有一个比较完整的流程。下面以沉香会馆通常的流程讲述一下香席，包括发束、入座、品茶、坐香等，在这其中去品味沉香之美。

首先，我们要认识各种香具。

一、香具

1. 香炉

用于香席的香炉，分作为熏炉和敞口的香炉。熏炉可以是博山炉，或者是外形像盒子一样的卧式熏炉，铜质或者木材的、陶瓷的都有。熏炉上面都

卧式熏炉

熏炉

用于闷香的香炉

小铜炉

用于空熏的香炉

是镂空的，以使烟气排出。敞口的香炉一般是用作闷香和空熏的，由于这两种方式源于宋朝，因此敞口的香炉一般是仿宋瓷，色彩素雅清新。

2. 香灰

用于香席的香灰比较讲究。在《陈氏香谱》中记载着了以下几种香灰的做法：

细叶杉木枝烧灰，用火一二块养之，经宿，罗过装炉；

每秋间采松，须曝干，烧灰，用养香饼；

未化石灰，槌碎，罗过，锅内炒，令候冷，又研又罗，为之作香炉灰，洁白可爱，日夜常以火一块养之，仍须用盖，若尘埃则黑矣；

矿灰六分，炉灰四钱，和匀，大火养灰蓺性；

香蒲烧灰，炉装，如雪；

纸灰、石灰、木灰各等分，以米汤和，同煅过，勿令偏头；

青朱红、黑煤、土黄各等分，杂于纸中，装炉，名锦灰；

纸灰炒通红，罗过，或稻糠烧灰，皆可用；

干松花烧灰，装香炉最洁；

茄灰亦可，藏火火久不熄；

蜀葵枯时烧灰，装炉，大能养火。

以上的香灰，看起来洁白细腻，用于香席令人感觉舒服。古人是绝不肯用灶台里的灰烬来做香灰的。香灰的作用是将香炭（包括香饼和香煤）埋起来，以免香料直接被火烧，或者是用云母片直接被火烤，这样叫作"隔火熏香"，熏出的沉香气味淡雅清远，烟不浓不淡。

香灰　　　　　　　　　　　　　压紧后的香灰

3. 香饼

《陈氏香谱》中记载："凡烧香用饼子，须先烧令通赤，置香炉内，俟有黄衣生，方徐徐以灰覆之，仍手试火气紧慢。"

这里说的"饼子"，其实是用植物枝叶碎末制成的熏香燃料。由于通常制成饼状，顾得名"香饼"。香饼的制作是比较复杂和精细的，采用合香之法混合制作，比如长生香饼、丁晋公文房七宝香饼、内府香饼、贾清泉香饼，加入了木炭、干蜀葵花、黄丹、干茄根等材料，细磨捣碎和匀，然后再放入密封的瓦罐等容器，埋入地下窖藏。

4. 香煤

香煤和香饼都用于焚香,区别在于香煤是条块状。有一种制作方法为:"干竹筒、干柳枝、铅粉三钱,黄丹三两,焰硝二钱,右同为末,每用匕许以灯爇,于上焚香。"

另有一种日禅师香煤:"杉木夫炭四两,竹夫炭、鞭羊胫炭各二两,黄丹、海金沙各半两,右同为末,拌匀,每用二钱置炉中,纸灯点烧透红,以冷灰薄覆。"

不论是香煤还是香饼,用于香席都要求清洁,以免玷污沉香之美。

香煤

5. 炭炉

用于燃烧香炭,待烧红透后,再埋入香灰中。

炭炉

6. 香插

用于插放线香，有各种造型，多为荷叶、佛手等。

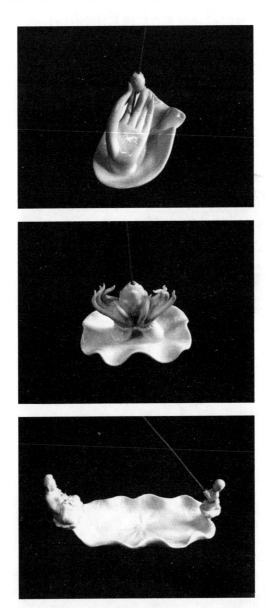

香插

7. 香几

用于香席表演的桌案。

8. 香盘

用于摆放各种香具的木质托盘。

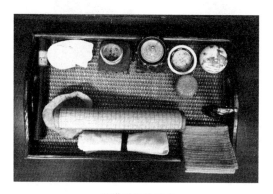

装满香具的香盘

9. 线香

就是我们平常所烧的香，因其形状像一根线而得名。

线香

10. 沉香油

经提炼而成的沉香油脂。

沉香油

11. 香片

经过粗加工的沉香片，可用于熏香，或者掰取小片插入香烟中，使香烟抽起来有奇香。

香片

插入烟中（或许可以叫作沉香烟）

12. 云母片

放置于香灰上，用于隔离香料与香灰、香炭。

13. 香篆

洪刍在《香谱》中写道："镂木以为之，以范香尘。"这句话说的就是香篆。宋代的香篆，一般用柏木等木头制作，现在则有金属香篆。

图中的莲花形状金属为香篆，用于制作篆香：香炉的底部铺上香灰，将香篆放上后，在莲花图案上倒入沉香粉、檀香粉等香料，需要注意力度，要不松不紧，然后将香篆提起，香粉就呈莲花形状。这样的香篆形状有很多，如"寿"字、荷叶、百刻图等等。

香篆在提起时，香粉容易散，因此在古代就多请专业的印香者来做香篆。宋代的"供香印盘者"，才能"每日印香而去，遇月支请香钱而已"。

云母片

做篆香

14. 香压

用于压香灰用。

15. 香扫

用于清理香炉等处的灰尘。

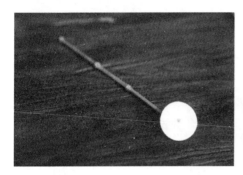

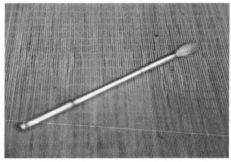

香压　　　　　　　　　　　　　　香扫

16. 押灰扇

用于拍打香灰，制作出香灰的形状。

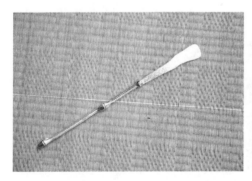

押灰扇　　　　　　　　　用押灰扇制作出的香灰形状

17. 探针

用于闷香做好后，刺孔，释放沉香烟气。

18. 香匙

用于舀出香粉。

探针

香匙

19. 香铲

用于压紧香灰。

20. 香夹

用于夹香饼、香煤。

香铲

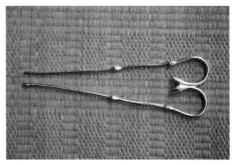

香夹

21. 香具袋

用于盛放香具。

22. 打火机

用于点燃沉香和香炭，一般为防风打火机。

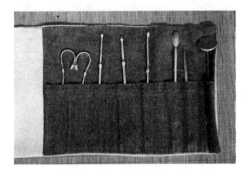 

香具袋   打火机

23. 香粉

用沉香或者其他香材碾碎、捣磨而成的粉，用于做篆香。

24. 银制香席套件

包括香炉、香匙等器件。

银制香席套件

25. 香刀

用于切割香材，使之大小尺寸适宜于坐香。香刀非常讲究，多用银、精钢制成，其中不乏大师之作。

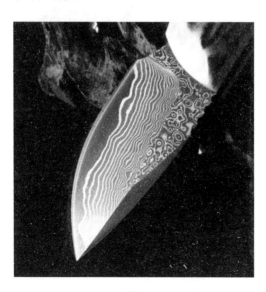

香刀

二、坐香

认识了香具之后，就可以进入香席的正式流程。

香席与宴请宾客有类似之处，先要发请帖，谓之"发柬"。香席的柬与现代社会的婚宴请柬大体相同，注明时间地点，写上"请务必光临"等客套话。但区别在于，香席的柬源于宋代，一般会写上一些优美的诗词，比如春季邀约香席的话，就写"惠风和畅""春意盎然""请光临寒舍雅聚"之类，符合古代的情趣。这方面的诗词，可以根据情况组合，只要符合季节、风俗、情调就好。

待友人如约而至后，一般会先泡上一壶好茶，请客人先歇息一下，或普洱，或乌龙。一边和朋友聊聊风花雪月，一边品茶。工夫茶也是一门艺术。烧香、点茶、挂画、插花，这"四般闲事"在宋代就已经密不可分了，因此，香席自然也和品茗、赏画、种花是一起的。只不过，品香需要在室内，不能放有香味的花，否则会影响对沉香气味的品鉴。

茶艺师在为香友泡茶

香席师正在表演香席

当品过茶，尝过甜品、水果之后，就进入香席的主要环节——坐香。首先，香席师入场，对大家行过汉礼。

香席师入场

　　然后，香席师会优雅地将香盘放到香几上，香盘里整齐地摆放着各种香具，然后做准备工作。

　　香盘内摆放的香具包括香炉、香炭、香刀、香粉、香片、打火机、香插等。由于香灰需要烘烤，有时会先烧好香炭，以免耽误坐香时间。

香盘

琴师在一旁弹奏古琴，悠扬古拙的琴声充满整个香室，让人逐渐平静下来。

琴师在弹琴

在舒缓灵动的琴声中，香席师端坐香几前，开始准备坐香。坐香一般有三个部分，焚香、空熏和闷香。焚香是先点燃线香，插在香插上，或是在香炉里焚烧香料。当然，也可以是盘香、寸香等。

香席师在点燃线香

将线香插在香插上

香席师铺开香袋

香席师品闻寸香

　　香席一般是先做篆香。香席师用香篆放在压紧的香灰上，然后将香粉用香匙填入香篆的范内，再用香压将香粉压到松紧合适的程度。待香粉松紧适度后，用手指轻弹香篆，使香粉均匀。最后，轻轻提起香篆，一个篆香就做成了，点燃后会慢慢依次燃烧，最后的灰烬也是香篆的图案。要注意的是，香粉的松紧要适度，否则在提起香篆时，香粉容易坍塌，那么香篆就失败了。提起香篆时，手要平稳，以免弄坏篆香的形状。这要求香席师心灵手巧，还必须要心平气和，以淡定的心态慢慢做，切记急躁。要多练，用心去领悟篆香的奥秘。

用手指轻弹香篆

做失败的篆香，注意莲花有坍塌的地方，应该是压制时力量没掌握好。

右边的篆香在燃烧过后，黑色的灰烬依然保持"寿"字图案。

用香篆做出的莲花，寓意佛与沉香的渊源。佛经把佛国称为"莲界"，把寺庙称为"莲舍"，把和尚行法手印称为"莲华合掌"，而佛和观音菩萨大多是坐在莲花上的，称为"莲台"。佛教把莲花的自然属性与佛教的教义、规则、戒律相类比美化，逐渐形成了对莲花的崇拜。而中国的本土文化和佛教文化互相影响，互相渗透，产生了"中国禅"（胡适语）。这样一来，就会自然而然地将莲花用于香席，以莲花的清秀洁净来衬托香的美妙，使香友们进入一种禅的哲学语境，去思索，去感悟，去冥想人生与社会，从而帮助大家陶冶情操和修为。

在《达摩祖师悟性论》中，也有这样一段话："佛在心中，如香在树中。烦恼若尽，佛从心出；腐朽若尽，香从树出。即知树外无香，心外无佛。若树外有香，即是他香；心外有佛，即是他佛。"

有了禅与香席的结合，可以香入道，以香参禅，从而达到品香十德。古人很早就总结出品香十德：感格鬼神、清净身心、能拂污秽、能觉睡眠、静中成友、尘里偷闲、多而不厌、寡而为足、久藏不朽、常用无碍。人若在品香之中能参透十德，不异于历经百年的沉香，虽经风雨腐朽，却能洗净纤尘，以最本真、最纯净的菁华，于尘世之中淡泊以明志，宁静而致远，达到心灵的修持阶段。

当篆香点燃后，袅袅升起的青烟，如秋雨后的云雾，幽空而灵动，凝神视之，谓之观烟。在琴声伴奏下，观烟似乎感觉到苍山幽谷的云遮雾绕，香的气味又好似天外之香，令人称奇，使人有种寻香而去的感动，实在妙不可言。正如宋代词人所说："缥缈非烟非雾，喜色有无中。帘幕金风细，香篆濛濛。好是庭闱称寿，簇舞裙歌板，欢意重重。况芝兰满砌，行见黑头公。看升平、乌栖画戟，更重开，大国荷荣封。人难老，年年醉赏，满院芙蓉。"

篆香之后，可以做空熏。

空熏也就是将香料隔着云母片放在香灰之上，将烧热的香煤埋入香灰，以隔灰的炭温加热香料，不一会儿，沉香的香味便散发出来。这样的香味很特别，是一种淡雅的清香味，很自然，绝无矫揉造作的香水味之感。

空熏最大的特点是没有烟，宋代诗人杨庭秀的《焚香诗》，对空熏做了极为细致的描写。"琢瓷作鼎碧于水，削银为叶轻似纸；不文不武火力匀，闭阁下帘风不起。诗人自炷古龙涎，但今有香不见烟；素馨欲开茉莉折，底处龙涎示旃檀。"

从古至今，沉香一直被列为众香之首，就在于它的香味是独特的，却又是让人感动愉悦的，醇和清雅，幽远奇妙，没有任何的刺激性感觉。前辈细品其香气，总结出沉香的气味具有洁、圆、幽、通、和五大特点。"洁，是指沉香的香味气韵独特，清纯高妙，不浊不野，天下无双；圆，是说沉香的品质圆润醇厚，甜馥内敛，不破不燥，回味无穷；幽，是说香烟若即若离，若隐若现，宁静高远，曲径通幽；通，是指沉香之韵通达三界，开启灵窍，拔除沉痼，身心调谐；和，是说香气绵长灵动，不疾不散，以香观心，神自归一。"

这五大特点，总结得极为精辟和贴切。笔者在第一次品闻空熏时，所用的香材是树心油，那种独特的香味与其他香味都有所不同。笔者认为沉香的香味是有变化的，甚至说句不太准确的话是"有麻凉之感"。沉香没有闷人的感觉，这和香水，哪怕是再高级的香水都不一样。

有此洁、圆、幽、通、和五大特点，沉香被誉为香王也就当之无愧了。

当香席师做好空熏，各位香客可以品香。第一次初品其香，驱除杂味；第二次鼻观，观想趣味；第三次回味，肯定意念，心灵静思。

所谓鼻观，就是用鼻子去闻香的雅称。

品香的手势，以左手平展托起香炉，右手手掌微曲附于炉壁上沿，右手拇指搭于炉壁，形成一个杯口，微微靠近，当一位香客品玩之后，再传给下一位香客。

空熏之后，可以做闷香。所谓闷香，是指在香炉中，将香灰挖出一个深坑，以明火点燃香粉或者细碎香料，放入坑中，再将其上覆盖一层香粉，等其被点燃后再盖一层，大概盖上3~5层就可以了。最后再将香灰覆盖在香料上，这时香气就会随着烟气上升并散发出来。由于烟气被香灰所过滤，最后散发出来的基本上是无烟或者少烟的香气。最后，香席师以探针对准埋香处，刺出一个孔，烟气很快上升。最好的香烟为一根烟柱，直上空中，令人叹为观止。

调试香灰

预先热好的香煤

在香炉里打好香灰，有的会用押灰扇做出各种图案。

香席师将云母片放在香灰上。

云母片上倒了沉香粉。

香席师要先试香，看香味出来没，注意拿香炉的手势。

闻一下后，手捂香炉，细细品味香味，然后再次品味。

香席师用探针准备刺入香灰。

烟从孔瞬间而出，灵动而缥缈。

　　闷香的难度比焚香和熏香要高，因为对于时间火候的把握要准。一般以烟的质量来评判闷香做的水平高低，还有出香的把握，是否恰到好处地展示了香的奇妙和前后变化。品鉴水平高的香友，可以感受到闷香的前香与后香的变化，捕捉到那份灵动感。

　　如果做空熏和闷香的香料是棋楠的话，以这精妙的手法去体验棋楠的香，体验那种变化的神秘感，那绝对是人生一大缘分——香缘。

闷香

香席师合影

　　每一次香席，都是一种缘分，一种文化饕餮之宴，一种心灵洗涤，也是一种入道参禅的精神修炼。

　　在完成坐香之后，可以请香友们写下留言，以描述坐香的感受，对香味和烟的品鉴等等。这在香席中是最后一步——写笺，留下墨宝。待香气散尽，烟也消失，只有墨迹还永留世间。想必一些佳句绝唱会随着香文化一起，流传下去，成为中华文明的一部分。

三、香席品鉴

陈敬在《香谱》中写道："人在家及外行，卒遇飘风、暴雨、震电、昏暗、大雾，皆诸龙神经过，宜入室闭户，焚香静坐，避之不尔损人。"

这虽是宋代文人对自然天象的一种敬畏，却为我们展示了一幅宋时生动形象的焚香图。外面风雨交加，雨雾迷漫。文人雅士们紧闭门窗，油灯昏暗，用自己珍爱的香炉打上一个香印，或者是将烧热的香煤埋入香灰，在香灰上拍出某种图案，放上云母片，再将珍藏的海南沉水切下一小片置于云母片之上。然后，文人雅士们闭上眼，静静地坐在香几前，或是在席上打坐。香味慢慢散发出来，整个书房似乎不再存在，而是处在一个香气四溢的曼妙之地，宝光流彩，宁静怡人，只有潺潺的泉水声，还有笼罩一切的虚无缥缈的烟气。

阵阵香气袭来，这不是牡丹的香气，不是栀子花的香气，也不是荷花莲子的香气，它不同于任何一种花香。这香味似乎很远，但其实就在面前；这香味似乎很近，却总让人感觉到幽谷山林一般遥远；这香味似乎很实在，却有着无法捕捉的灵动感；这香味似乎很虚幻，却可以触摸到它的变化和跳动。这香味是变化的，刚散发出来时淡雅，慢慢地会浓郁起来，却又不失清新之感。这香味是凉凉的，让人清爽如同夏日沐浴在山泉里。这香味似乎具有极强的穿透力，能直达心脾，使整个人有脱俗之感。慢慢地，笼罩一切的烟气散去，一切归于枯空，像一片荒野上的老树枯藤，又像是曾有仙人打坐过的山洞，让人在静谧之中归于本真。

"沉水良材食柏珍，博山烟暖玉楼春。怜君亦是无端物，贪作馨香忘却身。"唐代诗人罗隐的这首《香》，是对静室焚香独坐的最好写照。这首脍炙人口的香诗，最妙就是那句"贪作馨香忘却身"。这是一种境界，是焚香的境界，也是品香的境界。

这境界就是——忘我。

极具智慧哲思的唐代禅宗大师青原行思是六祖慧能的弟子，他提出了参禅的三重境界：参禅之初，看山是山，看水是水；禅有悟时，看山不是山，看水不是水；禅中彻悟，看山仍然是山，看水仍然是水。

这本是禅宗令人开悟人生的哲理名言，但却和品香有着异曲同工之妙。品香之初，香味初散。沉香的奇妙气味让人觉得新奇，使人沉浸在这香味的神秘奇特之中。此时，香味是香味，感受只有鼻观，眼睛只是看见袅袅的烟云。此时此刻，是品香的第一层境界，就如同山是山，水是水。

当香味完全散发开来，充斥香室，就如同处于琼楼瑶池，光影灵动，泉水叮咚。这香味如同三月的春风，沐浴其中，整个人都放松了。这时的香味与初香不同，更富于变化，有麻凉之感，穿透力很强，完全展现了沉香之美。此时此刻，香味已不完全是香味，不仅可以鼻观香味，还可以眼看烟气袅袅，整个人的眼耳鼻舌身意都沉浸在沉香那令人如痴如醉的梦幻般的香味之中。这是品香的第二层境界，香不是香，烟也非烟，如同山非山，水非水。如同雾里看花，似真似幻，使得自我进入这香味营造出的另一世界，因为太美妙而让自我迷失在一个奇异的空山绝谷之中。香不再是单纯意义上的香，而是一种人生体验；烟也不再是单纯意义上的烟，而像是我们的人生，或起伏不定，或盘桓曲折。香如人生，烟也如人生。

当香印冷却，只留下一个香篆图案，或者是空熏的炭火熄灭，香味渐渐淡去，我们会从那美轮美奂的世界抽离，展现在眼前的似乎是一个枯空幽深的山谷。香味还在香室弥漫着，思绪却有着返璞归真的灵犀。香还是香，烟也还是烟。这便是品香的第三层境界，无欲无求，也了无挂碍，窗外的风雨、雷电、云雾，都不会引起香客内心的涟漪，一切只有宁静。

以上这三种境界对应着焚香的三个阶段：初香、焚香、尾香，要体验这

笔者夫妇与罗晓岷（右二）、王蓉（右一）夫妇一起品虫漏

其中的美妙，当以入品的沉香为最佳选择，尤其是越南沉香。如果有棋楠一试，想必更加奇妙。只可惜，无论是棋楠，还是海南的黄腊沉，早在古代就是非常珍贵之物，现在更是被大藏家收入内室，不得一见，更别说焚香了。至于过去的合香，比如加了多少比例的龙涎香，几两几钱的甲香，现在已经绝迹了。龙涎香自古就极其珍贵，况且主要起稳定香气的作用，甲香也是如此。所以，熏香和焚香，实质还是以沉香为主的，尽管有宋代香学大家的著作流传下来，但那些合香也很难再现世间了

　　至于品香的环境，也是很重要的。《香谱》上说："焚香必于深房曲室，用矮桌置炉，与人膝平，火上设银叶或云母，制如盘形以之观香，香不及火，自然舒慢，无烟燥气。"没有风的环境，是闻香所必需的。另外，香室内还不能放有各种气味的物品，如鲜花。这样，沉香的香味可以在不受影响的情况下呈现出来。

　　从宋代的典籍看，那时的文人很喜欢焚香，几乎不可一日无香。当我们面对今日之香席时，常常能体会到过去的那种淡定与宁静。笔者每次焚香之时，屋外的车水马龙和喧嚣似乎都与自己无关，没有功名利禄，没有商业项目，没有争斗。渐渐的，香进入了笔者的生活，成为获得宁静的一种方式，回归自我的一座小桥。桥的这头是现在，那头是文化的过去时空。

当中国开始追赶工业革命的步伐后，新的产品、新的科技和新的思维层出不穷，这必然会动摇我们的传统价值观和传统文化。有一些是我们应该抛弃的，有一些是我们应该改良的，但有一些，则是我们应该保护的。

香席就是我们应该保护的一种文化。它提醒我们，属于民族文化深层次的内核是什么。它告诉我们以及后人，我们的民族是如何一路走来的，我们的文明又是如何一步步演化的。

我们现在去品味香席，实质是一种文化上的返璞归真。不过，可能更像是我们自我心灵的回归，在洗净纤尘后，去寻找那个纯真的自我。

第四编　古代诗词中的香文化

　　香文化的内在形式，是以香为核心，寄托情感的诗词歌赋，这样的诗词歌赋，既赋予香文化以血肉情感，也丰富了祖国文学的宝库，使人如痴如醉地沉浸于香之美。

一、先秦时期的诗词

尚书·君陈（节选）

至治馨香，感于神明。黍稷非馨，明德惟馨。

译文：盛世安定，要用香感谢上天和神明的庇佑。五谷美味并不是最香的，美德才是真正的香气。

诗经·采葛

彼采葛兮，一日不见，如三月兮！

彼采萧兮，一日不见，如三秋兮！

彼采艾兮，一日不见，如三岁兮！

注释：采葛，采葛之女；葛，葛藤，可以制作葛布；萧，青蒿，可用于祭祀。艾，艾蒿。萧是古代常用的一种香草植物，熏焚后可以清除室内的污秽之气，还被用于治疗疟疾。这首诗是表达对恋人的强烈思念，一天不见，就如同隔了三个月、三秋、三年。

九歌·云中君

战国·屈原

浴兰汤兮沐芳，华采衣兮若英。灵连蜷兮既留，烂昭昭兮未央。蹇将憺兮寿宫，与日月兮齐光。龙驾兮帝服，聊翱游兮周章。灵皇皇兮既降，焱远举兮云中。览冀洲兮有余，横四海兮焉穷。思夫君兮太息，极劳心兮忡忡。

注释：诗中的兰汤在古代常被用于沐浴，即将兰等香草泡入水中。到了后期海外香料进入中原后，还有加入沉香、龙脑等珍贵香料的。这样的兰汤芳香四溢，人洗浴后几天都可以处处留香。

离骚（节选）

战国·屈原

扈江离与辟芷兮，纫秋兰以为佩。兰芷变而不芳兮，荃蕙化而为茅。余既兹兰之九畹兮，又树蕙之百亩。杂申椒与菌桂兮，岂维纫夫蕙茝。何昔日之芳草兮，今直为此萧艾也。畦留夷与揭车兮，杂杜蘅与方芷。朝饮木兰之坠露兮，夕餐秋菊之落英。户服艾以盈要兮，谓幽兰其不可佩。苏粪壤以充帏兮，谓申椒其不芳。余以兰为可恃兮，羌无实而容长。椒专佞以慢慆兮，樧又欲充夫佩帏。既干进而务入兮，又何芳之能祗。芳菲菲而难亏兮，芬至今犹未沫。

注释：《离骚》中有很多写香草的佳句，兰、蕙、桂、椒、蘅、萧等皆为香草。

周易·系辞（节选）

二人同心，其利断金；同心之言，其臭如兰。

注释：臭，气味之总名。古人喜欢兰的香气，常用于比喻品性的纯净。"金兰之交"一词便来源于此，比喻朋友间的同心合意、生死与共。

二、西汉至五代时期的诗词

美人赋（节选）

西汉·司马相如

于是寝具既设，服玩珍奇，金鉔薰香，黼帐低垂，裯褥重陈，角枕横施。

注释：金鉔薰香，汉代用金属香炉装入香料以熏香。

熏炉铭（节选）

西汉·刘向

嘉此正器，崭岩若山。上贯太华，承以铜盘。中有兰绮，朱火青烟。

雪赋（节选）

刘宋·谢惠连

携佳人兮披重幄，援绮衾兮坐芳褥。
燎熏炉兮炳明烛，酌桂酒兮扬清曲。

孔雀东南飞（节选）

新妇谓府吏："勿复重纷纭。往昔初阳岁，谢家来贵门。奉事循公姥，进止敢自专？昼夜勤作息，伶俜萦苦辛。谓言无罪过，供养卒大恩；仍更被驱遣，何言复来还！妾有绣腰襦，葳蕤自生光；红罗复斗帐，四角垂香囊；箱帘六七十，绿碧青丝绳；物物各自异，种种在其中。人贱物亦鄙，不足迎后人，留待作遗施，于今无会因。时时为安慰，久久莫相忘！"

注释：在古代，皇室和权贵人家的马车，通常会在四角垂挂香囊，香囊熏焚着香丸等合香。所过之处，芳香四溢，许久都不散去。

郁金赋（节选）

西晋·傅玄

叶萋萋兮翠青，英蕴蕴而金黄。树晻蔼以成荫，气氛馥而含芳。凌苏合之殊珍，岂艾纳之足方。荣曜帝寓，香播紫宫。吐芳扬烈，万里望风。

注释：苏合是指苏合香。艾纳是产自西域的香料，可以用来合香，起到聚烟不散的作用。

博山香炉

南朝齐·刘绘

蔽野千种树，出没万重山。

上镂秦王子，驾鹤乘紫烟。

下刻蟠龙势，矫首半衔莲。

傍为伊水丽，芝盖出岩间。

复有汉游女，拾羽弄余妍。

注释：这首诗详细地描绘了博山炉精巧的雕刻工艺。

行路难

南朝梁·吴均

君不见，上林苑中客，冰罗雾縠象牙席。尽是得意忘言者，探肠见胆无所惜。白酒甜盐甘如乳，绿觞皎镜华如碧。少年持名不肯尝，安知白驹应过隙。博山炉中百和香，郁金苏合及都梁。逶迤好气佳容貌，经过青琐历紫房。已入中山冯后帐，复上皇帝班姬床。班姬失宠颜不开，奉箒供养长信台。日暮耿耿不能寐，秋风切切四面来。玉阶行路生细草，金炉香炭变成灰。得意失意须臾顷，非君方寸逆所哉。

注释：诗中说博山炉中放着百和香，有郁金香、苏合香以及都梁香。都梁香又叫兰草，是浴佛的五色水之一。都梁香为青色水，郁金香为赤色水，丘际香为白色水，附子香为黄色水，安息香为黑色水。每年农历四月八日为浴佛节，就要用五色水来浴佛。

酬别江主簿屯骑

南朝梁·吴均

有客告将离，赠言重兰蕙。泛舟当泛济，结交当结桂。

济水有清源，桂树多芳根。毛公与朱亥，俱在信陵门。

赵瑟凤凰柱，吴醴金罍樽。我有北山志，留连为报恩。

夫君皆逸翮，抟景复凌骞。白云间海树，秋日暗平原。

寒虫鸣趯趯，落叶飞翻翻。何用赠分手，自有北堂萱。

注释：吴均是南朝梁著名诗人。他在这首诗中，用兰、蕙指代君子和君子之间的友情，这也是古代的一种习惯用法。

秦王卷衣

南朝梁·吴均

咸阳春草芳，秦帝卷衣裳。

玉检茱萸匣，金泥苏合香。

初芳薰复帐，余辉曜玉床。

当须晏朝罢，持此赠华阳。

铜博山香炉赋

南朝梁·萧统

禀至精之纯质，产灵岳之幽深，探众垂之妙旨，运公输之巧心，有薰带而岩隐，亦霓裳而升仙。写嵩山之巃嵸，象邓林之芊眠。方夏鼎之瑰异，类山经之假诡。制一器而备众质，谅兹物之为侈。于时青女司寒，红光翳景。吐圆舒于东岳，匿丹曦于西岭。翠帷已低，兰膏未屏。畔松柏之火，焚兰麝之芳。荧荧内曜，芬芬外扬。似庆云之呈色，如景星之舒光。齐姬合欢而流盼，燕女巧笑而蛾扬。超公闻之见锡，粤文若之留香。信名嘉而器美，永服玩于华堂。

香炉铭（节选）

南朝梁·萧绎

苏合氤氲，非烟若云，时浓更薄，乍聚还分，火微难烬，风长易闻，孰云道力，慈悲所熏。

早春行

唐·王维

紫梅发初遍，黄鸟歌犹涩。谁家折杨女，弄春如不及。
爱水看妆坐，羞人映花立。香畏风吹散，衣愁露沾湿。
玉闺青门里，日落香车入。游衍益相思，含啼向彩帷。
忆君长入梦，归晚更生疑。不及红檐燕，双栖绿草时。

注释：香畏风吹散，此句把焚香需要在静室以避风吹，写得极为传神。

奉和杨驸马六郎秋夜即事

唐·王维

高楼月似霜，秋夜郁金堂。
对坐弹卢女，同看舞凤凰。
少儿多送酒，小玉更焚香。
结束平阳骑，明朝入建章。

注释：少儿、小玉都是指大户人家里的仆人。这首诗表现了唐朝上流社会人士宴请聚会时的情景，有琴有舞，仆人在旁边为客人们焚香、添酒。

谒璇上人

唐·王维

少年不足方，识道年已长。事往安可悔，余生幸能养。
誓从断臂血，不复婴世网。浮名寄缨佩，空性无羁鞅。

夙承大导师，焚香此瞻仰。颓然居一室，覆载纷万象。
高柳早莺啼，长廊春雨响。床下阮家屐，窗前筇竹杖。
方将见身云，陋彼示天壤。一心在法要，愿以无生奖。

注释：古时的高僧大德都爱焚香，而佛道对焚香都有一定的礼法规矩，对香极为重视。

过乘如禅师萧居士嵩丘兰若

唐·王维

无著天亲弟与兄，嵩丘兰若一峰晴。
食随鸣磬巢乌下，行踏空林落叶声。
迸水定侵香案湿，雨花应共石床平。
深洞长松何所有，俨然天竺古先生。

注释：唐时焚香已经广泛使用香案了。

饭覆釜山僧

唐·王维

晚知清净理，日与人群疏。
将候远山僧，先期扫弊庐。
果从云峰里，顾我蓬蒿居。
藉草饭松屑，焚香看道书。
燃灯昼欲尽，鸣磬夜方初。
一悟寂为乐，此生闲有余。
思归何必深，身世犹空虚。

注释：诗、书、画、乐皆精通的王维，一生研习佛学禅宗，有很深的造诣。而他每日必做功课，便为焚香。据《全唐书》记载，王维"日饭十数名僧，以玄谈为乐，斋中无所有，惟茶铛药白、经案绳床而已。退朝之后，焚香独坐，以禅颂为事"。

客中行

唐·李白

兰陵美酒郁金香，玉碗盛来琥珀光。

但使主人能醉客，不知何处是他乡。

望庐山瀑布

唐·李白

日照香炉生紫烟，遥看瀑布挂前川。

飞流直下三千尺，疑是银河落九天。

注释：诗中的香炉，指庐山香炉峰。《太平寰宇记》记载："在（庐）山西北，其峰尖圆，云烟聚散，如博山香炉之状。"

寻山僧不遇作

唐·李白

石径入丹壑，松门闭青苔。

闲阶有鸟迹，禅室无人开。

窥窗见白拂，挂壁生尘埃。

使我空叹息，欲去仍裴回。

香云遍山起，花雨从天来。

已有空乐好，况闻青猿哀。

了然绝世事，此地方悠哉。

清平调词三首

唐·李白

一

云想衣裳花想容，春风拂槛露华浓。

若非群玉山头见，会向瑶台月下逢。

二

一枝红艳露凝香，云雨巫山枉断肠。

借问汉宫谁得似，可怜飞燕倚新妆。

三

名花倾国两相欢，长得君王带笑看。

解释春风无限恨，沉香亭北倚阑干

注释：沉香亭，据宋陈敬《陈氏香谱》记载："开元中，禁中初重木芍药，即今牡丹也，得四本红、紫、浅红、通白者，上因移植于兴庆池东沉香亭前。敬宗时，波斯国进沉香亭子。拾遗李汉谏曰：'沉香为亭，何异琼台瑶室？'"

长相思

唐·李白

美人在时花满堂，美人去后空余床。床中绣被卷不寝，至今三载犹闻香。香亦竟不灭，人亦竟不来。 相思黄叶落，白露湿青苔。

注释：香亦竟不灭，说明当时焚香已非常普及了。

清平乐·禁闱秋夜

唐·李白

禁闱秋夜,月探金窗罅。玉帐鸳鸯喷兰麝,时落银灯香㸌。女伴莫话孤眠,六宫罗绮三千。一笑皆生百媚,宸衷教在谁边？

奉和贾至舍人早朝大明宫

唐·杜甫

五夜漏声催晓箭，九重春色醉仙桃。

旌旗日暖龙蛇动，宫殿风微燕雀高。

朝罢香烟携满袖，诗成珠玉在挥毫。

欲知世掌丝纶美，池上于今有凤毛。

注释：贾至写过一首《早朝大明宫》，全诗是："银烛熏天紫陌长，禁城春色晓苍苍。千条弱柳垂青琐，百啭流莺绕建章。剑佩声随玉墀步，衣冠身惹御炉香。共沐恩波凤池上，朝朝染翰侍君王。"当时颇为人注目，杜甫、岑参、王维都曾作诗相和。杜甫这首诗中所说的"朝罢香烟携满袖"，在宋代被一个叫梅询的人演绎成了典故。他每天早晨起来必定焚香两炉来熏衣服，穿上之后将袖口捏拢，到了朝堂再刻意撒开袖子，使满室浓香，时人称之为"梅香"。

大云寺赞公房四首（节选）

唐·杜甫

细软青丝履，光明白氍巾。深藏供老宿，取用及吾身。
自顾转无趣，交情何尚新。道林才不世，惠远德过人。
雨泻暮檐竹，风吹青井芹。天阴对图画，最觉润龙鳞。
灯影照无睡，心清闻妙香。夜深殿突兀，风动金银铎。

注释：闻香需要先静心，心静才能品味出香的奇妙之处，这也是坐香的要求。

至日遣兴，奉寄北省旧阁老两院故人二首

唐·杜甫

一

去岁兹辰捧御床，五更三点入鹓行。
欲知趋走伤心地，正想氤氲满眼香。
无路从容陪语笑，有时颠倒著衣裳。
何人错忆穷愁日，愁日愁随一线长。

二

忆昨逍遥供奉班，去年今日侍龙颜。
麒麟不动炉烟上，孔雀徐开扇影还。

玉几由来天北极，朱衣只在殿中间。

孤城此日堪肠断，愁对寒云雪满山。

江阁卧病走笔寄呈崔、卢两侍御

唐·杜甫

客子庖厨薄，江楼枕席清。

衰年病只瘦，长夏想为情。

滑忆雕胡饭，香闻锦带羹。

溜匙兼暖腹，谁欲致杯罂。

即事

唐·杜甫

暮春三月巫峡长，皛皛行云浮日光。

雷声忽送千峰雨，花气浑如百和香。

黄莺过水翻回去，燕子衔泥湿不妨。

飞阁卷帘图画里，虚无只少对潇湘。

注释：百和香是一种合香。

偶呈郑先辈

唐·杜牧

不语亭亭俨薄妆，画裙双凤郁金香。

西京才子旁看取，何似乔家那窈娘？

杜秋娘诗（节选）

唐·杜牧

咸池升日庆，铜雀分香悲。

雷音后车远，事往落花时。

注释：诗中的铜雀，是指曹操所建之铜雀台。分香是指曹操在临死前将香分给家属的典故。这也说明了当时香料的珍贵。

冬至日寄小侄阿宜诗（节选）

唐·杜牧

高摘屈宋艳，浓薰班马香。

李杜泛浩浩，韩柳摩苍苍。

送容州唐中丞赴镇

唐·杜牧

交址同星座，龙泉佩斗文。

烧香翠羽帐，看舞郁金裙。

鹢首冲泷浪，犀渠拂岭云。

莫教铜柱北，空说马将军。

古意呈补阙乔知之

唐·沈佺期

卢家少妇郁金香，海燕双栖玳瑁梁。

九月寒砧催木叶，十年征戍忆辽阳。

白狼河北音书断，丹凤城南秋夜长。

谁为含愁独不见，更教明月照流黄？

李员外秦援宅观妓

唐·沈佺期

盈盈粉署郎，五日宴春光。

选客虚前馆，徵声遍后堂。

玉钗翠羽饰，罗袖郁金香。

拂黛随时广，挑鬟出意长。

啭歌遥合态，度舞暗成行。

巧落梅庭里，斜光映晓妆。

过汉故城（节选）

唐·王绩

钩陈被兰锜，乐府奏芝房。翡翠明珠帐，鸳鸯白玉堂。

清晨宝鼎食，闲夜郁金香。天马来东道，佳人倾北方。

何其赫隆盛，自谓保灵长。历数有时尽，哀平嗟不昌。

冰坚成巨猾，火德遂颓纲。奥位匪虚校，贪天竟速亡。

魂神吁社稷，豺虎斗岩廊。金狄移灞岸，铜盘向洛阳。

君王无处所，年代几荒凉。宫阙谁家域，蓁芜冒我裳。

井田唯有草，海水变为桑。在昔高门内，于今岐路傍。

余基不可识，古墓列成行。狐兔惊魍魉，鸱鸮吓猵狂。

空城寒日晚，平野暮云黄。烈烈焚青棘，萧萧吹白杨。

千秋并万岁，空使咏歌伤。

长安古意（节选）

唐·卢照邻

双燕双飞绕画梁，罗纬翠被郁金香。

公子行（节选）

唐·刘希夷

娼家美女郁金香，飞来飞去公子傍。

赠朱道士

唐·白居易

仪容白晳上仙郎，方寸清虚内道场。

两翼化生因服药，三尸卧死为休粮。

醮坛北向宵占斗，寝室东开早纳阳。

尽日窗间更无事，唯烧一炷降真香。

斋月静居

唐·白居易

病来心静一无思，老去身闲百不为。

忽忽眼尘犹爱睡，些些口业尚夸诗。

荤腥每断斋居月，香火常亲宴坐时。

万虑消停百神泰，唯应寂寞杀三尸。

酬郑侍御多雨春空过诗三十韵 次用此韵（节选）

唐·白居易

寂寞羁臣馆，深沉思妇房。

镜昏鸾灭影，衣润麝消香。

兰湿难纫佩，花凋易落妆。

沾黄莺翅重，滋绿草心长。

和春深二十首（节选）

唐·白居易

何处春深好，春深女学家。惯看温室树，饱识浴堂花。

御印提随仗，香笺把下车。宋家宫样髻，一片绿云斜。

何处春深好，春深妓女家。眉欺杨柳叶，裙妒石榴花。

兰麝熏行被，金铜钉坐车。杭州苏小小，人道最夭斜。

注释：诗中提及香笺，这在古代诗歌中较为少见。

后宫词

唐·白居易

泪湿罗巾梦不成，夜深前殿按歌声。

红颜未老恩先断，斜倚熏笼坐到明。

注释：诗中描写一位失宠的宫人被抛弃后整夜失魂落魄，抱着熏香所用的熏笼彻夜难眠。熏笼几乎是古代宫廷女子必备之物。

郡斋暇日忆庐山草堂（节选）

唐·白居易

南国秋犹热，西斋夜暂凉。闲吟四句偈，静对一炉香。

身老同丘井，心空是道场。觅僧为去伴，留俸作归粮。

青毡帐二十韵（节选）

唐·白居易

铁檠移灯背，银囊带火悬。

深藏晓兰焰，暗贮宿香烟。

李夫人

唐·白居易

汉武帝，初丧李夫人。

夫人病时不肯别，死后留得生前恩。

君恩不尽念未已，甘泉殿里令写真。

丹青画出竟何益？不言不笑愁杀人。

又令方士合灵药，玉釜煎炼金炉焚。

九华帐深夜悄悄，反魂香降夫人魂。

夫人之魂在何许？香烟引到焚香处。

既来何苦不须臾？缥缈悠扬还灭去。

去何速兮来何迟？是耶非耶两不知。

翠蛾仿佛平生貌，不似昭阳寝疾时。

魂之不来君心苦，魂之来兮君亦悲。

背灯隔帐不得语，安用暂来还见违。

伤心不独汉武帝，自古及今皆若斯。

君不见穆王三日哭，重璧台前伤盛姬。

又不见泰陵一掬泪，马嵬坡下念杨妃。

纵令妍姿艳质化为土，此恨长在无销期。

生亦惑，死亦惑，尤物惑人忘不得。

人非木石皆有情，不如不遇倾城色。

注释：这是香文化史上很重要的一首诗，它细腻地描写了汉武帝在李夫人死后，让道士配制合香——反魂香，以期再见夫人一面。其情也悲，其意也真，都寄托于这一缕非烟非雾的香气之中。

秋夜曲二首（节选）

唐·王建

天清漏长霜泊泊，兰绿收荣桂膏涧。

高楼云鬟弄婵娟，古瑟暗断秋风弦。

玉关遥隔万里道，金刀不剪双泪泉。

香囊火死香气少，向帷合眼何时晓。

城乌作营啼野月，秦州少妇生离别。

杂歌谣辞·鸡鸣曲

唐·王建

鸡初鸣，明星照东屋；鸡再鸣，红霞生海腹。百官待漏双阙前，圣人亦挂山龙服。宝钗命妇灯下起，环珮玲珑晓光里。直内初烧玉案香，司更尚滴铜壶水。金吾卫里直郎妻，到明不睡听晨鸡。天头日月相送迎，夜栖旦鸣人不迷。

注释：此作品细描写了皇宫内早晨的情景，包括焚香。

宫词（节选）

唐·王建

秘殿清斋刻漏长，紫微宫女夜焚香。

拜陵日近公卿发，卤簿分头入太常。

每夜停灯熨御衣，银熏笼底火霏霏。

遥听帐里君王觉，上直钟声始得归。

闷来无处可思量，旋下金阶旋忆床。

收得山丹红蕊粉，镜前洗却麝香黄。

日高殿里有香烟，万岁声长动九天。
妃子院中初降诞，内人争乞洗儿钱。

分朋闲坐赌樱桃，收却投壶玉腕劳。
各把沈香双陆子，局中斗累阿谁高。

窗窗户户院相当，总有珠帘玳瑁床。
虽道君王不来宿，帐中长是炷牙香。

雨入珠帘满殿凉，避风新出玉盆汤。
内人恐要秋衣着，不住熏笼换好香。

金吾除夜进傩名，画袴朱衣四队行。
院院烧灯如白日，沈香火底坐吹笙。

供御香方加减频，水沈山麝每回新。
内中不许相传出，已被医家写与人。

　　注释：王建被誉为"宫词之祖"，其《宫词》共百首，主要描写宫女生活，素材据说得自一位名叫王守澄的内侍。以上摘录的诗中，涉及了宫廷用香的情景，还说到"沈香"，即沉香。

香印

唐·王建
闲坐烧印香，满户松柏气。
火尽转分明，青苔碑上字。

更衣曲

唐·刘禹锡
博山炯炯吐香雾，红烛引至更衣处。
夜如何其夜漫漫，邻鸡未鸣寒雁度。
庭前雪压松桂丛，廊下点点悬纱笼。
满堂醉客争笑语，嘈嘈琵琶青幕中。

香球

唐·元稹

顺俗唯团转，居中莫动摇。

爱君心不恻，犹讶火长烧。

达摩支曲

唐·温庭筠

捣麝成尘香不灭，拗莲作寸丝难绝。

红泪文姬洛水春，白头苏武天山雪。

君不见无愁高纬花漫漫，漳浦宴余清露寒。

一旦臣僚共囚虏，欲吹羌管先汍澜。

旧臣头鬓霜华早，可惜雄心醉中老。

万古春归梦不归，邺城风雨连天草。

隋宫守岁

唐·李商隐

消息东郊木帝回，宫中行乐有新梅。

沈香甲煎为庭燎，玉液琼苏作寿杯。

遥望露盘疑是月，远闻鼍鼓欲惊雷。

昭阳第一倾城客，不踏金莲不肯来。

注释：隋炀帝在每年除夕时，便命人焚烧沉香、甲香等，以车计量，使得整个宫殿香气四溢，名为"烧香山"。

烧香曲

唐·李商隐

钿云蟠蟠牙比鱼，孔雀翅尾蛟龙须。

漳宫旧样博山炉，楚娇捧笑开芙蕖。

八蚕茧绵小分炷，兽焰微红隔云母。

白天月泽寒未冰，金虎含秋向东吐。

玉佩呵光铜照昏，帘波日暮冲斜门。

西来欲上茂陵树，柏梁已失栽桃魂。

露庭月井大红气，轻衫薄细当君意。

蜀殿琼人伴夜深，金銮不问残灯事。

何当巧吹君怀度，襟灰为土填清露。

注释：李商隐在诗中所提到的"隔云母"，便是熏焚沉香的一种方式，类似今天的空熏。

香

唐·罗隐

沈水良材食柏珍，博山烟暖玉楼春。

怜君亦是无端物，贪作馨香忘却身。

注释：沈水良材，是指沉香。食柏珍，是指麝香，因为麝经常吃柏树子。这是香文化里极为重要的一首诗。

尚父偶建小楼，特　丽藻绝句不敢称扬三首

唐·罗隐

结构叨冯柱石才，敢期幢盖此裴回。

阳春曲调高谁和，尽日焚香倚隗台。

玳簪珠履愧非才，时凭阑干首重回。

只待淮妖剪除后，别倾卮酒贺行台。

阑槛初成愧楚才，不知星彩尚迁回。

风流孔令陶钧外，犹记山妖逼小台。

升平公主旧第

唐·罗隐

乘凤仙人降此时，玉篇才罢到文词。

两轮水硙光明照，百尺鲛绡换好诗。

带砺山河今尽在，风流樽俎见无期。

坛场客散香街暝，惆怅齐竽取次吹。

春晚寄钟尚书

唐·罗隐

宰府初开忝末尘，四年谈笑隔通津。
官资肯便矜中路，酒盏还应忆故人。
江畔旧游秦望月，槛前公事镜湖春。
如今莫问西禅坞，一炷寒香老病身。

湖州裴郎中赴阙后投简寄友生

唐·罗隐

锦帐郎官塞诏年，汀洲曾驻木兰船。
祢衡酒醒春瓶倒，柳恽诗成海月圆。
歌蹙远山珠滴滴，漏催香烛泪涟涟。
使君入拜吾徒在，宣室他时岂偶然。

逼试投所知

唐·罗隐

桃在仙翁旧苑傍，暖烟轻霭扑人香。
十年此地频偷眼，二月春风最断肠。
曾恨梦中无好事，也知囊里有仙方。
寻思仙骨终难得，始与回头问玉皇。

送陆郎中赴阙

唐·罗隐

幕下留连两月强，炉边侍史旧焚香。
不关雨露偏垂意，自是鸳鸯合著行。
三署履声通建礼，九霄星彩映明光。
少瑜镂管丘迟锦，从此西垣使凤凰。

虞美人·风回小院庭芜绿

五代·李煜

风回小院庭芜绿，柳眼春相续。凭阑半日独无言，依旧竹声新月似当年。

笙歌未散尊罍在，池面冰初解。烛明香暗画堂深，满鬓青霜残雪思难任。

浣溪沙·红日已高三丈透

五代·李煜

红日已高三丈透，金炉次第添香兽。红锦地衣随步皱。

佳人舞点金钗溜，酒恶时拈花蕊嗅。别殿遥闻箫鼓奏。

玉楼春

五代·李煜

晚妆初了明肌雪，春殿嫔娥鱼贯列。

笙箫吹断水云闲，重按霓裳歌遍彻。

临风谁更飘香屑，醉拍阑干情味切。

归时休放烛花红，待踏马蹄清夜月。

注释：此诗另一说为曹勋作。

菩萨蛮·蓬莱院闭天台女

五代·李煜

蓬莱院闭天台女，画堂昼寝人无语。抛枕翠云光，绣衣闻异香。潜来珠锁动，惊觉银屏梦。脸慢笑盈盈，相看无限情。

一斛珠·咏美人口

五代·李煜

晚妆初过，沈檀轻注些儿个。向人微露丁香颗，一曲清歌，暂引樱桃破。

罗袖裛残殷色可，杯深旋被香醪涴。绣床斜凭娇无那，烂嚼红茸，笑向檀郎唾。

采桑子·亭前春逐红英尽

五代·李煜

亭前春逐红英尽，舞态徘徊。细雨霏微，不放双眉时暂开。

绿窗冷静芳音断，香印成灰。可奈情怀，欲睡朦胧入梦来。

注释：李煜的词作于五代和宋初，从他的词里可见很多关于香的描写，比如香印，这说明在宋初时，篆香就已经开始流行了。

宫词（节选）

五代·花蕊夫人

会真广殿约宫墙，楼阁相扶倚太阳。

净瓮玉阶横水岸，御炉香气扑龙床。

夜寒金屋篆烟飞，灯烛分明在紫微。

漏永禁宫三十六，燕回争踏月轮归。

翠华香重玉炉添，双凤楼头晓日暹。

扇掩红鸾金殿悄，一声清跸卷珠帘。

烟引御炉香绕殿，漏签初刻上铜壶。

御按横金殿喔红，扇开云表露天容。

太常奏备三千曲，乐府新调十二钟。

宫女熏香进御衣，殿门开锁请金匙。

博山夜宿沈香火，帐外时闻暖凤笙。

理遍从头新上曲，殿前龙直未交更。

蕙炷香销烛影残，御衣熏尽辄更阑。

归来困顿眠红帐，一枕西风梦里寒。

安排诸院接行廊，外槛周回十里强。

青锦地衣红绣毯，尽铺龙脑郁金香。

三、宋代及后世的诗词

焚香

宋·陈去非

明窗延静画，默坐消尘缘。即将无限意，寓此一炷烟。

当时戒定慧，妙供均人天。我岂不清友，于今心醒然。

炉烟袅孤碧，云缕霏数千。悠然凌空去，缥缈随风还。

世事有过现，熏性无变迁。应是水中月，波定还自圆。

浣溪沙·宿酒才醒厌玉卮

宋·晏殊

宿酒才醒厌玉卮，水沉香冷懒熏衣。早梅先绽日边枝。

寒雪寂寥初散后，春风悠扬欲来时。小屏闲放画帘垂。

祭天神

宋·柳永

忆绣衾相向轻轻语。屏山掩、红蜡长明，金兽盛熏兰炷。何期到此，酒态花情顿辜负。柔肠断、还是黄昏，那更满庭风雨。

听空阶和漏，碎声斗滴愁眉聚。算伊还共谁人，争知此冤苦。念千里烟波，迢迢前约，旧欢慵省，一向无心绪。

望江南·江南蝶

宋·欧阳修

江南蝶，斜日一双双。身似何郎全傅粉，心如韩寿爱偷香。天赋与轻狂。

微雨后，薄翅腻烟光。才伴游蜂来小院，又随飞絮过东墙。长是为花忙。

注释：何郎傅粉，韩寿偷香，都是香文化中的著名典故。

减字木兰花·画堂雅宴

宋·欧阳修

画堂雅宴，一抹朱弦初入遍。慢捻轻笼，玉指纤纤嫩剥葱。

拨头圧利，怨月愁花无限意。红粉轻盈，倚暖香檀曲未成。

蝶恋花·雁依稀回侧阵

宋·欧阳修

南雁依稀回侧阵，雪霁墙阴，遍觉兰芽嫩。中夜梦余消酒困，炉香卷穗灯生晕。

急景流年都一瞬，往事前欢，未免萦方寸。腊后花期知渐近，东风已作寒梅信。

渔家傲

宋·欧阳修

叶重如将青玉亚，花轻疑是红绡挂。颜色清新香脱洒，堪长价，牡丹怎得称王者。

雨笔露笺匀彩画，日炉风炭熏兰麝。天与多情丝一把，谁厮惹，千条万缕萦心下。

越溪春·三月十三寒食日

宋·欧阳修

三月十三寒食日，春色遍天涯。越溪阆苑繁华地，傍禁垣，珠翠烟霞。红粉墙头，秋千影里，临水人家。

归来晚驻香车，银箭透窗纱。有时三点两点雨霁，朱门柳细风斜。沉麝不烧金鸭冷，笼月照梨花。

答熊本推官金陵寄酒

宋·王安石

郁金香是兰陵酒，枉入诗人赋咏来。

庭下北风吹急雪，坐间南客送寒醅。

渊明未得归三径，叔夜犹同把一杯。

吟罢想君醒醉处，锺山相向白崔嵬。

凝香斋

宋·曾巩

每觉西斋景最幽，不知官是古诸侯。一尊风月身无事，千里耕桑岁有秋。云水醒心鸣好鸟，玉沙清耳漱寒流。沉烟细细临黄卷，疑在香炉最上头。

香

宋·邵雍

安乐窝中一炷香，凌晨焚意岂寻常。

祸如许免人须诌，福若待求天可量。

注释：宋代有许多文人雅士非常喜爱焚香，邵雍便是其中一位，著有很多写香的诗词。

香

宋·苏洵

捣麝筛檀入范模，润分薇露合鸡苏。

一丝吐出青烟细，半炷烧成玉筋粗。

道士每占经次第，佳人惟验绣工夫。

轩窗几席随宜用，不待高擎鹊尾炉。

和黄鲁直烧香二首

宋·苏轼

一

四句烧香偈子，随香遍满东南。

不是闻思所及，且令鼻观先参。

二

万卷明窗小字，眼花只有斓斑。

一炷烟消火冷，半生身老心闲。

注释：这是苏轼写给黄庭坚的诗，他在诗中写出鼻观，遂成为后世香席对闻香的雅称。

翻香令·金炉犹暖麝煤残

宋·苏轼

金炉犹暖麝煤残，惜香更把宝钗翻。重闻处，余熏在，这一番、气味胜从前。

背人偷盖小蓬山，更将沉水暗同然。且图得，氤氲久，为情深、嫌怕断头烟。

西江月·闻道双衔凤带

宋·苏轼

闻道双衔凤带，不妨单著鲛绡。夜香知与阿谁烧，怅望水沈烟袅。

云鬟风前绿卷，玉颜醉里红潮。莫教空度可怜宵，月与佳人共僚。

沉香石

宋·苏轼

壁立孤峰倚砚长，共疑沉水得顽苍。

欲随楚客纫兰佩，谁信吴儿是木肠。

山下曾逢化松石，玉中还有辟邪香。

早知百和俱灰烬，未信人言弱胜强。

子由生日，以檀香观音像及新合印香银篆盘为寿

宋·苏轼

旃檀婆律海外芬，西山老脐柏所薰。

香螺脱黡来相群，能结缥缈风中云。

一灯如萤起微焚，何时度惊缪篆纹。

缭绕无穷合复分，绵绵浮空散氤氲。

东坡持是寿卯君，君少与我师皇坟。

旁资老聃释迦文，共厄中年点蝇蚊。

晚遇斯须何足云，君方论道承华勋。

我亦旗鼓严中军，国恩当报敢不勤。

但愿不为世所醺，尔来白发不可耘。

问君何时返乡枌，收拾散亡理放纷。

此心实与香俱爇，闻思大士应已闻。

注释：诗中说到檀香、龙脑香是海外之香，而甲香可以收敛香烟，并且用微小的火来熏焚已经做成"寿"字篆文的香印，可见苏轼对香文化的喜好和研究之深。另外，宋代的文人几乎人人都要做香印，与品茶、对弈、喂鹤等作为一大人生高品位的乐事。

有惠江南帐中香者戏答六言二首

宋·黄庭坚

一

百链香螺沈水，宝熏近出江南。

一穟黄云绕几，深禅想对同参。

二

螺甲割昆仑耳，香材屑鹧鸪斑。

欲雨鸣鸠日永，下帷睡鸭春闲。

注释：黄庭坚号称"香痴"，对香极为喜好，也有着很深的研究。诗中的沈水是沉香，螺甲是甲香，鹧鸪斑是沉香的一种。

在宋代，黄庭坚等人将禅学融入品香之中，使香席具有了哲学和文化内涵。黄庭坚的侄儿洪刍受他的影响很深，写出名著《香谱》。

有闻帐中香以为熬蝎者戏用前韵二首

宋·黄庭坚

一

海上有人逐臭，天生鼻孔司南。

但印香严本寂，不必丛林偏参。

二

我读蔚宗香传，文章不减二班。

误以甲为浅俗，却知麝要防闲。

云居佑禅师烧香颂

宋·黄庭坚

一身入定千身出，云居不打这鼓笛。

虎驮太华入高丽，波斯鼻孔撑白日。

烧香

宋·陆游

一

茹芝却粒世无方，随时江湖每自伤。

千里一身凫泛泛，十年万事海茫茫。

春来乡梦凭谁说，归去君恩未敢忘。

一寸丹心幸无愧，庭空月白夜烧香。

二

宝熏清夜起氤氲，寂寂中庭伴月痕。

小斫海沉非弄水，旋开山麝取当门。

蜜房割处春方半，花露收时日未暾。

安得故人同晤语，一灯相对看云屯？

烧香七言

宋·杨万里

琢瓷作鼎碧于水，削银为叶轻如纸。

不文不武火力匀，闭阁下帘风不起。

诗人自炷古龙涎，但令有香不见烟。

素馨忽开抹利拆，底处龙麝和沉檀。

平生饱识山林味，不奈此香殊妩媚。

呼儿急取烝木犀，却作书生真富贵。

注释：这首诗细致地描绘了宋代的品香活动，可以看出已与今天的香席基本一致了。这也是现代意义上的香席是在宋代形成的有力证据。

醉花阴·薄雾浓云愁永昼

宋·李清照

薄雾浓云愁永昼，瑞脑消金兽。佳节又重阳，玉枕纱橱，半夜凉初透。

东篱把酒黄昏后，有暗香盈袖。莫道不消魂，帘卷西风，人比黄花瘦。

定风波·暮春漫兴

宋·辛弃疾

少日春怀似酒浓，插花走马醉千钟。老去逢春如病酒，唯有，茶瓯香篆小帘栊。

卷尽残花风未定，休恨，花开元自要春风。试问春归谁得见？飞燕，来时相遇夕阳中。

青玉案·元夕

宋·辛弃疾

东风夜放花千树，更吹落，星如雨。宝马雕车香满路。凤箫声动，玉壶光转，一夜鱼龙舞。

蛾儿雪柳黄金缕，笑语盈盈暗香去。众里寻他千百度，蓦然回首，那人却在，灯火阑珊处。

天香·龙涎香

宋·王沂孙

孤峤蟠烟，层涛蜕月，骊宫夜采铅水。汛远槎风，梦深薇露，化作断魂心字。红瓷候火，还乍识，冰环玉指。一缕萦帘翠影，依稀海天云气。

几回殢娇半醉。剪春灯，夜寒花碎。更好故溪飞雪，小窗深闭。荀令如今顿老，总忘却、樽前旧风味。谩惜余熏，空篝素被。

注释：荀令留香是历史典故，空篝是指熏笼。

和虞先生箸香

元·薛汉

奇芬祷精微，纤茎挺修直。

烟轻雪消晼，火细萤耀夕。

素烟袅双缕，暗馥生半室。

鼻观静里参，心原坐来息。

有客臭味同，相看终永日。

焚香

明·文徵明

银叶荧荧宿火明，碧烟不动水沉清。

纸屏竹榻澄怀地，细雨轻寒燕寝情。

妙境可能先鼻观，俗缘都尽洗心兵。

日长自展南华读，转觉逍遥道味生。

考盘余事·香笺

明·屠隆

香之为用，其利最溥。物外高隐，坐语道德，焚之可以清心悦神。四更残月，兴味萧骚，焚之可以畅怀舒啸。晴窗塌帖，挥尘闲吟，篝灯夜读，焚以远辟睡魔，谓古伴月可也。红袖在侧，秘语谈私，执手拥炉，焚以熏心热意。谓古助情可也。坐雨闭窗，午睡初足，就案学书，啜茗味淡，一炉初热，香霭馥馥撩人。更宜醉筵醒客，皓月清宵，冰弦曳指，长啸空楼，苍山极目，未残炉热，香雾隐隐绕帘。又可祛邪辟秽，随其所适，无施不可。

己亥杂诗

清·龚自珍

秋心如海复如潮，惟有秋魂不可招。

漠漠郁金香在臂，亭亭古玉佩当腰。

气寒西北何人剑，声满东南几处箫。

一川星斗烂无数，长天一月坠林梢。

寿简斋先生（节选）

清·席佩兰

绿衣捧砚催题卷，红袖添香伴读书。

笔者闲来无事，作《香席》一首，以供香友们交流。

香席

林灿

沉水自古出海南，论品当要占城先。

香烟一缕说禅道，莫笑红尘多痴男。

第五编　走向世界的香文化

从丝绸之路来的阿拉伯人、波斯人，从海上来的日本遣唐使，以及后来的西方航海家，他们将中国香文化带到世界各地，并将他们的香文化和中国香文化相互融合，创造出了当今世界璀璨辉煌的香文化，或者说是香的文明。

一、日本香道

日本与中国的文化交流自南北朝时期开始。在圣德皇太子摄政时，日本结束战乱，百废待兴。此时，也正逢中国结束战乱，隋朝一统江山，社会各方面都逐渐步入正轨，进入繁荣时期。为学习中国文化和科学技术，极具政治远见的日本圣德皇太子便正式派出遣隋使出访中国，全面了解学习中国的政治、社会制度和文化。遣隋使这一开拓性的国际交流活动，先后有四次，得到了隋朝皇帝的认可，并给予便利和优待，使得中日文化交流繁荣起来。

唐代，日本进入奈良时代和平安时代。强大而繁荣的大唐对日本来说，无疑具有巨大的吸引力。日本天皇决定延续隋例，继续学习中国的制度和文化，派出的遣唐使多达十六次，每次包括大使、文书、医师、翻译、工匠、留学生等在内的使团成员多达近千人，中日文化交流达到高峰。最有名的遣唐留学生是阿倍仲麻吕，他在中国留学期间，与李白、王维是至交好友。

在最后一次大规模派出遣唐使后，日本对中国的社会政治制度、文化、医学、科技都已经学习得比较全面，加上活动浩大，国力负担沉重，于是终止了这种大规模的国家文化交流活动。但是，中日两国的民间文化交流与商业来往一直没断过。日本对于中国文化有专门的学科研究，叫作"汉学"；而把对源自荷兰的西方文化研究称为"兰学"。汉学和兰学并存，极大地影响着日本文化，并延续到了今天。

现在日本的古典建筑、佛学、茶道、花道、书法、围棋等都学自大唐，或受唐朝文化影响。但日本是一个很善于学习和总结的民族，他们将中国的文化和日本文化相结合，逐渐形成了自己独特的日本文明。这其中，就有源自中国的香文化，而形成如今有着浓郁日本文化特色的香文化——日本香道。

　　不过，日本人民对于香文化的起源有另一种说法。据《日本书纪》记载：
"推古天皇三年春（596 年），有沉木漂至淡路岛，岛人不知是沉香，作为柴
薪烧于灶台，香味远飘，于是献之于朝廷。"这段历史记载，被视为日本香
文化的起源，也是众多日本学者认为日本香道是独立发展的依据之一。

　　尽管这些日本学者认为日本香道并非源于中国香文化，而是巧合地与中
国品香活动同时产生，独立发展至今。但笔者认为，鉴真东渡和遣唐使就带
去包括沉香在内的大量香料；中国唐朝在权贵阶层就有品香活动，比如"斗
香"；还有中国宋朝开始兴起品鉴沉香香味的香席活动雏形；同时大量的香
药和炮制香药的香方也被带去日本，在这样的事实情况下说日本香道是独自
产生，恐怕不能服人。与中国香文化一脉相承的日本香文化，在早期也是采
用常见的如兰、蕙等用于礼佛和衣物的熏香。在奈良时代，遣唐使团带回了
大唐的名贵香料，鉴真东渡也带去了包括沉香在内的各种香料。从此，日本
皇室开始将香料制成香，用于皇室和佛寺的活动。在平安时代，一些贵族开
始接触香料，并逐渐成为一种时尚。他们将各种香木粉末混合，再加入炭粉，
最后以蜂蜜调和凝固，这就是所谓
的"炼香"。

　　南宋高宗时期，绍兴二十六
年，也就是 1156 年，日本的香学
名著《香字抄》问世。这是一部详
细记载各种香料的香谱，与陈敬的
《陈氏香谱》类似，对于沉香、栈
香（原著写为"贱香"）、白木香等
都有记载。这部书的问世，标志着
日本对香文化的研究进入系统化和
体系化时期，为香道的兴起奠定了
学术基础。

　　1333 年，颇有志气的后醍醐
天皇消灭镰仓幕府后，进行第一次
的王政复古，推行新政，史称建武
新政。1335 年，足利尊氏利用平

日本《香字抄》

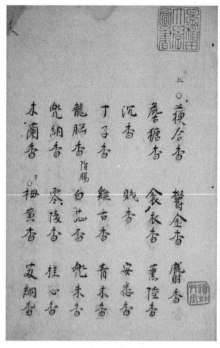

日本《香字抄》内页

定镰仓幕府余党势力北条时行叛乱之机，积极扩大自己的实力，在击败官军后逼走后醍醐天皇，拥立光明天皇登基。由此，日本进入南北朝时期：南边为后醍醐天皇执政，北边为光明天皇执政。正是在这样一个充满着血腥和杀戮的乱世，日本的香文化逐渐发展成为如今的香道。

日本学者研究表明，南北朝时期的佐佐木道誉是香道的鼻祖。

大枝流芳有如下记述："道誉姓佐佐木，名高氏，号京极，佐渡判官，应安年中卒。生于乱世而乐风雅，嗜香。往古用薰物，而入佛道修行以沈香，奇南赏玩，并封以种种名目，则由此人而兴起，可称香道开祖。"

掌握着室町幕府将军之位的足利家族对沉香极为喜爱，而佐佐木道誉是足利尊氏麾下的武士。或许是这个原因，佐佐木道誉得以接触名贵的沉香，并以痴迷闻名于全日本。为了得到一块好的沉香，他可以不惜一切代价。据说，他在一次宴会上焚烧了几斤的沉香，以示奢华。当足利家族获得幕府将军的地位后，佐佐木道誉也成为权臣之一，对当时的政治影响很大。另外，在日本南北朝时期，南北两帝使天皇的权威受到挑战，武士们自恃功高，眼里已经没有了旧的社会道德，开始挑战旧文化，试图开创属于自己的时代风气和文化，这样的武士称为"婆裟罗"。在此社会背景下，集权力和财富于一身的佐佐木道誉，又以擅长和歌、茶道、品香等名闻全日本，他对于沉香的品鉴方式自然也成为其他武士和贵族效仿的时尚。

这种品香方式就是闻香。

闻香一词，应该是来源于《法华经》。日本当时的贵族武士非常喜爱闻香，并对喜欢的香料命以各种雅号。比如著名的"兰奢待"，其他还有名越、忍、无名、河淀、六月、早梅、夏箕川、岸松、三吉野等等。当时的沉香爱好者还对香料的来源和品质进行研究，比如佐佐木道誉所藏有的香料有177种，逍遥院三条实隆所藏的御家香料有60余种。这些现象标志着日本香文化进入闻香时代后，被赋予了众多文化意义和内涵，遂形成香道。从时间上看，日本的南北朝时期，大致是中国的元朝，也就意味着日本香道的出现晚于中国宋朝就出现的香席，并且可能是受到了香席的影响。两者都有一个共同的特点，那就是其品鉴的都是沉香，细心品闻并赋予沉香以文化内涵。

室町后期廷臣、学者一条兼良在其所撰写的《尺素往来》中，关于香料有如下记载："名香诸品为：宇治、药殿、山阴、沼水、无名、名越、林钟、初秋、神乐、逍遥、手枕、中白、端黑、早梅、蔬柳、岸桃、江桂、苅萱、菖蒲、艾、忍、富士根、香粉风、兰麝袋、伽罗木等。纵令兜楼、婆毕、力伽及海岸六铢、淮仙百和也不及此。手中之物无论新旧均应分赐。合香因在佛之世，故而三国一同用之。尤其好色之家号之为熏物而深藏。沉香、丁子、贝香、熏陆、白檀、麝香等六种，每方捣筛而和之。加詹淌，命名梅花。加郁金命名花桔。加甘松，命名荷叶。加藿香，命名菊花。加零陵，命名侍从。加乳香，命名黑方。此皆发梅檀，沈水之气，吐麝脐，龙涎之熏者也。"一条兼良是一条经嗣的儿子，精通和歌，博学多才，对于香道有很深的研究，这段话充分说明了日本人民对于香道的喜爱，将各种珍贵的香料加以命名，使得日本香道更显雅致、幽静。

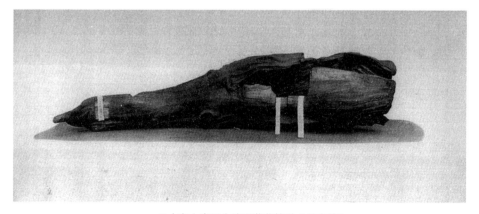

日本东大寺正仓院所藏黄熟香"兰奢待"

香材所留三个切口处的付签分别写有"足利义政 宽正二年九月 约二寸截之"，"织田信长 天正二年三月 一寸八分截之"，"德川家康 庆长七年六月 一寸八分截之"。

日本对于香料的知识，除了来自中国外，由于其繁荣的海外贸易，应该有相当部分是直接从东南亚诸国获得。

据刘良佑先生在《香学会典》中写道，日本香道所说的香料中，除了"罗国""真南贺"是高棉的沉香外，其他的"佐真罗""真南蛮""寸斗多罗""伽罗"都是产自印度尼西亚的鹰木沉香。"日本香道中所用的伽罗香，是指南洋鹰木香中的红棋楠，它只是棋楠香的一种，这和古人所称的多伽罗、奇楠、伽蓝、迦兰和棋楠的内容，是很不一样的，所以伽罗和这些名称绝不可以相互混用。"

这种说法与日本学者的考证不同，似乎有值得商榷之处。在日本有一种比喻用之于六国香木：伽罗为越南所产沉香，苦味，自然而优美，喻之以宫人；罗国为泰国产沉香，甘味，有白檀之味，喻之以武士；真那伽为马来西亚所产沉香，无味，香气轻柔艳丽，喻之以女子；真南蛮，咸味，喻之以百姓；佐曾罗，辣味，香气冷酸，喻之以僧侣；寸闻多罗，产于印度尼西亚，酸味，喻之以地下人。这便是所谓六国五味，其中说伽罗苦味，符合越南沉香的特点，其香味清凉婉转而美妙。

另据《岛夷志略》记载："占城产物中有茄篮木。"《瀛涯胜览》称之为伽南香。著名的天文学家、地理学家西川如见（号求林斋）1695年著的《华夷通商考》举出奇楠。沉香等作为交趾、占城的土产，对奇楠做注如下："深山枯木自朽，随洪水流于谷水边，山民拾取者，此为上好。其余则伐生木，埋于土中，经数年取出，去其腐朽之处而用其心。树叶似日本女贞。"

这些资料说明，早在南北朝以后，日本香道所用的香料中，已经明确有产自越南占城的沉香和棋楠。而宋朝诸多香学名家在各自的香谱中都有记载棋楠为越南占城所产，这些著作应该都会影响到日本香道。

另外，庆长十一年（1606年），德川家康给占城国王、柬埔寨国主、暹罗国王等写了信，信中表达了希望获得上好伽罗香的愿望。

笔者倾向于认为，在日本室町时代及后世，"伽罗"可能是在日本古代香道里特指产自于越南占城的棋楠，而区别于其他品质的沉香，并非是印度尼西亚鹰木的红棋楠。

在对香料有了全面的了解和佐佐木道誉开创香道后，日本香道在三条西实隆的推动下出现了流派——御家流，志野宗信在随三条西实隆学习香道后又开创了另一大流派——志野流。如今，日本香道已经有上百个流派。这两位香道大师确立了对香的品级的评判标准和对香材的鉴赏。至此，日本香道形成了。

御家流的创立者三条西实隆是公卿贵族，擅长和歌、书法，有着深厚的文化素养和修为。他酷爱闻香，并收藏了很多香木，在自己的日记《实隆公记》中记载了很多关于香料和玩香的事情。三条西实隆尤其重视品味闻香的仪式和程序，这样使得香道高贵、典雅，具有贵族气质。他还提出了"六国五味"的评判标准，

日本志野流香道的香灰五分法

奠定下御家流香道的基础。现在的家元（类似中国的掌门人、大当家）是三条西尧水。

志野流的创始人志野宗信，三代无后传给家臣蜂谷宗悟。现在的家元是第 20 代，蜂谷宗玄。志野流现在有两万多名弟子。

对于注重精神修为的日本香道来说，流派间最主要的区别在于对精神和心灵修持的侧重点不同。如御家流香道追求贵族气质，将香道的过程展现得更古朴，类似宫廷礼仪。志野流香道在志野宗信创立时，日本武士阶层崛起，因此志野流注重武家精神。相比御家流来说，志野流香道讲求类似禅的内心宁静以及枯空的冥想，并且在形式上要稍微简化一些。志野流的炭熏伺灰与御家流也略有不同，六合阴阳敬神，五行分化侍人，四方天地祀故。

此外，还有米川流、风早流、古心流、泉山御流、翠风流等大小流派。各派香道大体是一致的，只有细微差别。

日本的香客根据名著《源氏物语》，还总结出一套源氏香纹的玩法。

首先选五种香材，各备五包，共二十五包。

然后，主香人将香包打乱。从中任取五包，一次以香炉熏一包香，让客人轮流闻赏，反复五次。

当五包香材赏完后，客人以下面的源氏香纹的记法在纸上记下五种香的异同。

　　每种香用一根竖线代表，从右向左看。根据下面的源氏香纹图表，如果这五种香的味道都不一样，那么便对应着图标最右上角的："帚木，吉，五月、六月"。

組香	巻名	吉凶	時候	組香	巻名	吉凶	時候
なし	桐壺	凶	秋		帚木	吉	五、六月
	空蝉	吉	六月		夕顔	凶	六、七、八月
	若紫	吉	春～秋		末摘花	吉	四季
	紅葉の賀	吉	九、十月		花の宴	凶	三月
	葵	凶	四季		賢木	凶	四季
	花散里	凶	五月		須磨	凶	四季
	明石	吉	四季		澪標	吉	四季
	蓬生	凶	四月		関屋	吉	九月
	絵合	吉	三月		松風	吉	秋
	薄雲	凶	四季		朝顔	凶	秋冬
	乙女	吉	四季		玉鬘	吉	三～十二月
	初音	吉	正月		胡蝶	凶	三、四月
	宝	吉	夏		常夏	吉	夏
	篝火	吉	初秋		野分	吉	八月
	行幸	吉	冬春		藤袴	吉	八、九月
	真木柱	凶	四季		梅枝	吉	一、二月
	藤裏葉	吉	三～十二月		若菜(上)	吉	春
	若菜(下)		四季		柏木	凶	一月～秋
	横笛	凶	二月		鈴虫		夏秋
	夕霧	凶	秋冬		御法	凶	春夏秋

日本源氏香纹对应图

　　如有某种香的味道一致，是同一种香材的话，那么就把所对应的竖线连起来，再看对应图表的意义。例如，第二、三、四、五次的香相同时，将从第二根到第五根的竖线顶端连起来，为"末摘花，吉，四季"。如果第二次和第三次的香相同时，为"夕颜，凶，六、七、八月"。这样以此类推，参与识香游戏的香客需要一定的鉴别力，才能准确分辨出香的不同，并得到类似占卜的预测祸福。根据《源氏物语》的内容，人们还对这些源氏香纹赋予了一定的文学意义。如空蝉成功地避开了源氏的各种诱惑，又不失女子之情趣，结局不错，为吉兆。而夕颜，容颜甚美，先是不能与情人相守，后托身于源氏却被鬼魅夺去性命，为凶兆。

　　这些源氏香纹，古朴雅致，代表着日本人民质朴的审美观，深得人民喜爱，常被织染于和服之上或者是作为幡帜。这既说明香道在日本的影响之大，也说明《源氏物语》对日本文化的影响之深。

日本香道和中国香席有一个区别，就是日本香道将闻香放到游戏之中，注重玩法。除了源氏香纹外，还有很多玩法，比如竞马香。

竞马香是一种富有游戏色彩的闻香行为。它的灵感来源于京都"上贺茂神社"的社祭活动——竞马。竞香时，在一个画着格子的竞香盘上，放置两个平安时代风格的骑马偶人，分别着赤色、玄色和服。客人可以是两位，也可以是两队，各选一个偶人作为自己的代表。首先香主先给出几种香让香客逐一试闻，这是试香。然后打乱这几种香的顺序，再让香客鉴赏。香客在香笺上写下该香属于试香时使用的哪一种香。答对者，将香盘上代表自己的那一人偶前移一格，最先到达终点者为胜。

还有一种玩香之法为组香。

据资料介绍，十种香是组香的基础。任何形式的组香都是一种香变化的结果。具体做法是：（1）首先选出底香；（2）用三种香同底香搭配试香；（3）将三种香各分为三份，共九份，另加上一份没有参加过试香的香，共十份，然后打乱顺序；（4）参加仪式者根据香味，判断该香属于试香时使用的哪一种香，以猜中的数量决胜负。

组香必须使用两种以上的香，以文学作品和诗人的情感为基础，体现在香的创作之中。例如："古今香"必须由莺、蛙、歌三部分组成，所以必须首先相应地选三种香代表莺、蛙、歌。将代表莺、蛙的香各分成五包，首先取其中的任一份参加试香。闻"古今香"的人，脑子里必须反映出《古今集》（古诗集）中的诗歌，为香增添诗意。今天日本的组香方法约有七百多种，而每一组香都是极其复杂的组合。可以说日本的香道与文学有着十分密切的联系。

从源氏香纹和竞马香可以看出，日本香道的玩法都以闻香识别为核心，这要求参与者熟悉各种香材的品性和气味，能分辨出其中细微的差别，例如辛味重的印度尼西亚沉香和清香味的越南沉香的细微差别。达到这种辨识能力的人，其心性修持都已到一定阶段，宁静致远，恬淡并自得，恰如沉香的香味一般，经过了百年历练，已洗净纤尘，幽静而枯灵。

不难看出，受中国文化和佛学、心学影响极深的日本香道，是可以提升自己内心修为的一种方式，以香道入禅、参禅，进入空山绝谷一般的境界，将自己与大自然合一，与古往今来的文化合一，这样的体验便是香道。

1603年，征夷大将军德川家康在江户建立幕府，日本结束战国时代，在一片废墟上进入江户时代。这一时期，日本的经济发展很快，大阪等城市逐渐繁荣起来，还形成了大米期货的早期形式"堂岛大米市场"。同时，日本与越南、印度尼西亚、菲律宾等国的海上贸易随着"朱印船"的开通，呈现出一派勃勃生机，还带回了大量的东南亚沉香。在经济发展的推动下，受中国程朱理学和王阳明心学影响的日本文学、哲学、绘画等文化事业百花齐放，香道也在这一时期越发精致起来。

准确地说，日本香道是在奈良、平安时代发源，在室町时代由佐佐木道誉、三条西实隆、志野宗信等香学大师确立，然后在江户时代发展成熟而远流至今的。

然而，随着黑舰事件爆发，日本的幕府制度已无法适应社会的发展演进，封建社会被资本主义取代，新的西方文化被大量引入，传统文化跌入低谷，香道也随之衰落。直到二战以后，香道才逐步在日本恢复和繁荣起来。

如今，日本香道以其独有的魅力和深厚的文化内涵，受到世界上越来越多人的喜爱。由于中国的文化巨殇和断层，中国的传统香席已经难觅踪影，一些爱好香文化的有识之士便远赴日本，从传统的御家流和志野流香道里研习香文化的奥秘，寻找中国香席的踪影，结合中国古代的各种典籍，逐步恢复高贵雅致的中国香席。现在，这样的文化保护工作已经取得一定成就，香席在一些地方恢复起来。同时，上海、广州、杭州等地也出现了很多日式风格的香道馆。尤其是我国台湾地区，香道文化发展得很成熟，很多爱好沉香，喜欢香道的朋友时常一起品鉴沉香之美、香道之趣，共享传统文化的魅力。

这也是当代香文化的一大幸事。

二、中东与阿拉伯地区的香文化

历史资料表明，中国古代的很多香料都是由阿拉伯商人贩运而来的。这些阿拉伯人骑着骆驼，伴随着悠扬的驼铃声，穿越过浩瀚的沙漠，经过丝绸之路风尘仆仆地走到长安，走到洛阳；或者是乘坐着帆船，经过"海上丝绸之路"，驶进他们称之为"康屯"的广州和"宰桐城"的泉州港口。他们带来了琳琅满目的各种西域商品，中原的达官贵人争相抢购的便是香料。乳香、大食水、苏合香、龙涎香、没药等香料散发出的奇异香味，让中国的贵族们如痴如醉，不惜一掷千金，而产自东南亚的沉香、檀香等香料也有相当部分是由这些阿拉伯的商人运至中原的。

古时候，阿拉伯地区是科技和经济发达的地区，连接着繁荣的中国与欧洲，是丝绸之路的中转站，在贸易方面有着战略优势。阿拉伯帝国建立后，兵锋直指葱岭，以十余万阿拉伯联军打败了三万精锐唐军，这是大唐由盛转衰的一个转折点。在超过一千年的时间里，富庶的阿拉伯人、波斯人垄断着东方与西方的贸易往来，将中国的商品贩运到欧洲，又将欧洲和中东的商品贩运到中国，获得巨大的贸易利润。他们的足迹遍布印度半岛、中南半岛、苏门答腊、菲律宾等地，每到一处，他们就会收购当地的自然资源，装上他们的大船，这里面最吸引人的莫过于香料。

阿拉伯人、波斯人自古就非常喜欢香料。和中国人一样，香料是他们的日常生活中必不可少的东西。中国人早期用兰、蕙、萧等香草熏香，后用沉香、龙脑、麝香，阿拉伯人和波斯人则用当地产的香料和贸易来的东南亚香料。比如产于南阿拉伯半岛和东非地区的乳香，产于波斯、安息国等地的安息香，产于大秦国的苏合香，产于大食国的龙涎香和大食水。

大食国幅员辽阔，自然资源丰富，但却干旱少雨。丁谓的《天香传》记载了这样一段故事："薰陆、乳香长大而明莹者，出大食国。彼国香树连山野路，如桃胶松脂，委于石地，聚而敛之，若京坻香山，多石而少雨，载询番舶。则云：'昨过乳香山，彼人云，此山不雨已三十年矣。香中带石末者，非滥伪也，地无土也。然则此树若生于涂泥，则香不得为香矣。'"这段话的大意是，薰陆、乳香又长又大，晶莹剔透，出自于大食国。那个国家有个地方到处都长满了香树，漫山遍野。这些乳香就像中国的桃树所结的桃胶，松树的松脂，散落在沙石地上。当地人收起这些乳香颗粒，垒起来就像一座高高的香山。这个国家沙石多，雨水少。曾经问过大食国来的贸易商船的人，他们说："前段时间经过乳香山下，当地人说，这乳香山已经三十年没下雨了。"这样的乳香中带有沙石，并非是假的乳香，只是因为地上没有泥土而只有沙石。如果这些树生长在泥土之中，可能就无法结出乳香了。

真是自然造化。不仅是一方水土养一方人，一方水土也只能养一种香。只有大食国那样的地质条件、那样的气候才能产出乳香这样神奇的香料来，而沉香却只能在温润潮湿的热带雨林中才能结成。

古代阿拉伯地区的科技比较发达，还率先发明了蒸馏提纯技术。这大概是阿拉伯地区盛行的炼金术，在偶然之间得到上天恩赐，才有此发明。有了蒸馏提纯技术，才能从蔷薇花中提取出蔷薇水。因为产自大食国，便被中国人称为大食水。阿拉伯人非常喜欢这种香水，每天用指甲取一滴大食水，涂抹到耳郭里，这样全身都充满了令人陶醉的香气，终日不散。另外，利用这种技术还可以从茉莉花中提取香油。阿拉伯商人则将这些大食水贩运到中国，进献给中国的皇帝，以获得在中国行商方面的许可和照顾，有的甚至能加官晋爵。如中国五代时期，就有一个叫蒲诃散的人，一次给当时的皇帝献了十五瓶大食水，使得龙颜大悦，后宫开颜。另外，阿拉伯人不仅带来了珍贵的香水，还将蒸馏提纯技术带到了中国。有资料显示，这种蒸馏提纯技术可能是给了阿拉伯人以极高待遇才获得的，并且，最初应该是从广州、泉州等香料贸易集散地开始的。这在宋代蔡绦的《铁围山丛谈》中得以印证，"至五羊效外国造香"这句话说的就是广州城开始仿制大食水。有了这种提纯香水的技术，皇室以外的中国人开始享受香水的奇异香味，香飘数十步外，多日不歇。于是，香水成为与熏香不同的用香方式，并延续至今。

除了为世界贡献提香蒸馏术，造出大食水外，这一地区熏香也盛行起来。可以说，只要有阿拉伯人的地方，不论是王室贵族、部落酋长，还是骑着骆驼游牧四方的普通人家，也不管是在开罗、巴格达这些熙攘热闹的大城市，还是空旷无垠的戈壁沙漠腹地的帐篷里，都可以闻到熏香的香味。

苏合香，这种在汉代就被中国皇亲国戚争相抢购的香料，史料记载其产自大秦国，也就是今天所说的罗马帝国。不过，当时的罗马帝国幅员辽阔，而苏合香的真正产地，就是今天的土耳其、叙利亚等地。当时的人们将苏合树的树皮割伤，损坏木质部分，使带有香味的树脂渗入到树皮，秋天时再剥下树皮，然后榨出香脂，用蒸馏法提纯，最后得到万金难求的苏合香。

在波斯，所出产的安息香很早就进入中国，成为一种用于医学的香药。波斯帝国在强盛时期，一直控制东方世界与欧洲的香料贸易，直到阿拉伯帝国的兴起。

在阿曼，到处都散发着一种名为"比扎尔"的混合香料的浓郁芳香，它是由小豆蔻、肉桂、藏红花、欧莳萝、丁香、胡椒子等香料混合而成。如果到阿曼人家里去做客，吃过饭后，主人会给客人端上摆放着各种香水的盘子。客人可以选择自己喜爱的香水，喷在身上或衣服上。然后，主人会端来一只阿拉伯风格的香炉，炉里烧着木炭，往炉里撒进几粒乳香等香料，整个屋子就芳香四溢。这样的风俗，既清新了室内空气，又愉悦了客人，相当于用香味招待了客人，和中国的香席有着异曲同工之妙。

在埃及，远在法老时期就开始使用香油和香膏，开罗也是世界上最大的香料贸易集散地。在这个古老的城市，世界各地的香料都汇集到哈利利市场，到处都充满着浓郁的馥香。埃及最有名的香水叫"巴拉诺"，是从巴拉诺树的果实中挑出果核，用来榨出油脂，按比例加入没药和松香后，就成为"巴拉诺"香水。还有很多闻名世界的香油，比如"阿拉伯茉莉""克利欧佩特拉""夜幕法洛斯"等等，埃及人自古就用这些香油在沐浴后涂抹全身，既可以祛除身体的臭味，又可以保健。

在约旦，招待客人的咖啡，是用咖啡加香料制成。

还有很多涉及香料的地方，无一不显示着阿拉伯地区和香料的紧密联系，那里的每个人的日常生活都和香料息息相关。

今天的阿拉伯地区，由于盛产石油而获得了巨大财富，仍然对香料有着巨大的需求。在柬埔寨，在曼谷，在吉隆坡，在雅加达，在所有能买到沉香等名贵香料的地方，都有阿拉伯人的踪影。相比之下，他们对柬埔寨沉香比较偏好，可能与他们的熏香习惯有关。他们熏香和中国香席不一样，没有在炭火与香料之间隔着云母片，其熏香方式应该无法体验到海南沉香"清远悠长"的美妙感受。

不过，一方水土养一方人。与中国的地理条件、气候、文化传承、宗教信仰都有着巨大差异，在熏香方式上存在不同也不足为奇。但是，我们和他们都沉浸于香文化，都喜爱香料，这已经有几千年的历史了，并且还在不断交流着，互相影响着。

附　录

附录一

天香传

宋·丁谓

　　香之为用从上古矣，所以奉神明，可以达蠲洁。三代禋享，首惟馨之荐，而沉水、薰陆无闻焉。百家传记萃众芳之美，而萧芗郁邑不尊焉。《礼》云："至敬不享味贵气臭也。"是知其用至重，采制粗略，其名实繁而品类丛脞矣。观乎上古帝王之书，释道经典之说，则记录绵远，赞颂严重，色目至众，法度殊绝。

　　西方圣人曰："大小世界，上下内外，种种诸香。"又曰："千万种和香，若香、若丸、若末、若涂以香花、香果、树香、天和合之香。"又曰："天上诸天之香，又佛土国名众香，其香比于十方人天之香，最为第一。"道书曰："上圣焚百宝香，天真皇人焚千和香，黄帝以沉榆、蒌荑为香。"又曰："真仙所焚之香，皆闻百里，有积烟成云、积云成雨，然则与人间共所贵者，沉水、薰陆也。"故《经》云："沉水坚株。"又曰："沉水香，坚降真之夕，傍尊位而捧炉香者，烟高丈余，其色正红。得非天上诸天之香耶？"

　　《三皇宝斋》香珠法，其法杂而末之，色色至细，然后丛聚杵之三万，缄以银器，载蒸载和，豆分而丸之，珠贯而曝之，且曰"此香焚之，上彻诸天"。盖以沉水为宗，薰陆副之也。是知古圣钦崇之至厚，所以备物宝妙之无极，谓变世寅奉香火之荐，鲜有废者，然萧茅之类，随其所备，不足观也。

　　祥符初，奉诏充天书扶持使，道场科醮无虚日，永昼达夕，宝香不绝，乘舆肃谒则五上为礼（真宗每至玉皇真圣圣祖位前，皆五上香）。馥烈之异，非世所闻，大约以沉水、乳香为本，龙香和剂之，此法实禀之圣祖，中禁少知者，况外司耶？八年掌国计而镇旄钺，四领枢轴，俸给颁赉随日而隆。故苾芬之着，特与昔异。袭庆奉祀日，赐供内乳香一百二十勆（入内副都知张继能为使）。在宫观密赐新香，动以百数（沉、乳、降真黄香），由是私门之内沉乳足用。

有唐杂记言，明皇时异人云："醮席中，每熱乳香，灵祇皆去。"人至于今传之。真宗时，新禀圣训："沉、乳二香，所以奉高天上圣，百灵不敢当也，无他言。"上圣即政之六月，授诏罢相，分务西雒，寻迁海南。忧患之中，一无尘虑，越惟永昼晴天，长霄垂象，炉香之趣，益增其勤。

素闻海南出香至多，始命市之于间里间，十无一有假。版官裴鹗者，唐宰相晋公中令公之裔孙也。土地所宜，悉究本末，且曰："琼管之地，黎母山酉之，四部境域，皆枕山麓，香多出此山，甲于天下。然取之有时，售之有主，盖黎人皆力耕治业，不以采香专利。闽越海贾，惟以余杭船即市香。每岁冬季，黎峒待此船至，方入山寻采。州人役而贾，贩尽归船商，故非时不有也。"

香之类有四，曰沉、曰栈、曰生结、曰黄熟。其为状也十有二，沉香得其八焉。曰乌文格，土人以木之格，其沉香如乌文木之色而泽，更取其坚格，是美之至也。曰黄蜡，其表如蜡，少刮削之，黳紫相半，乌文格之次也。牛目，与角及蹄。曰雉头、泪髀、若骨，此沉香之状。土人则曰：牛目、牛角、牛蹄、鸡头、鸡腿、鸡骨。曰昆仑梅格，栈香也，此梅树也，黄黑相半而稍坚，土人以此比栈香也。曰虫镂，凡曰虫镂，其香尤佳，盖香兼黄熟，虫蛀及蛇攻，腐朽尽去，菁英独存香也。曰伞竹格，黄熟香也，如竹色，黄白而带黑，有似栈也。曰茅叶，有似茅叶至轻，有入水而沉者，得沉香之余气也，然之至佳，土人以其非坚实，抑之为黄熟也。曰鹧鸪斑，色驳杂如鹧鸪羽也，生结香者，栈香未成沉者有之，黄熟未成栈者有之。

凡四名十二状，皆出一本，树体如白杨、叶如冬青而小肤表也，标末也。质轻而散，理疏以粗，曰黄熟。黄熟之中，黑色坚劲者，曰栈香，栈香之名相传甚远，即未知其旨，惟沉水为状也，骨肉颖脱，芒角锐利，无大小、无厚薄，掌握之有金玉之重，切磋之有犀角之劲，纵分断琐碎而气脉滋益。用之与梟块者等。鹗云："香不欲绝大，围尺以上虑有水病，若勍以上者，中含两孔以下，浮水即不沉矣。"又曰："或有附于柏栌，隐于曲枝，蛰藏深根，或抱真木本，或挺然结实，混然成形。嵌如穴谷，屹若归云，如矫首龙，如峨冠凤，如麟植趾，如鸿啜翮，如曲肱，如骈指。但文彩致密，光彩射人，斤斧之迹，一无所及，置器以验，如石投水，此宝香也，千百一而已矣。夫如是，自非一气粹和之凝结，百神祥异之含育，则何以群木之中，独禀灵气，首出庶物，得奉高天也？"

占城所产棧沉至多，彼方贸迁，或入番禺，或入大食。贵重沉棧香与黄金同价。乡耆云："比岁有大食番舶，为飓所逆，寓此属邑，首领以富有自大，肆筵设席，极其夸诧。"州人私相顾曰："以赀较胜，诚不敌矣，然视其炉烟翁郁不举、干而轻、瘠而焦，非妙也。"遂以海北岸者，即席而焚之，其烟杳杳，若引东溟，浓腴浘浘，如练凝漆，芳馨之气，特久益佳。大舶之徒，由是披靡。

生结香者，取不候其成，非自然者也。生结沉香，与棧香等。生结棧香，品与黄熟等。生结黄熟，品之下也。色泽浮虚，而肌质散缓，然之辛烈，少和气，久则溃败，速用之即佳，若沉棧成香则永无朽腐矣。

雷、化、高、窦，亦中国出香之地，比海南者，优劣不侔甚矣。既所禀不同，而售者多，故取者速也。是黄熟不待其成棧，棧不待其成沉，盖取利者，戕贼之也。非如琼管，皆深峒黎人，非时不妄剪伐，故树无夭折之患，得必皆异香。曰熟香，曰脱落香，皆是自然成者。余杭市香之家，有万觔黄熟者，得真棧百觔则为稀矣；百觔真棧，得上等沉香十数觔，亦为难矣。

薰陆、乳香长大而明莹者，出大食国。彼国香树连山野路，如桃胶松脂，委于石地，聚而敛之，若京坻香山，多石而少雨，载询番舶。则云："昨过乳香山，彼人云，此山不雨已三十年矣。香中带石末者，非滥伪也，地无土也。然则此树若生于涂泥，则香不得为香矣。天地植物其有旨乎？"

赞曰："百昌之首，备物之先，于以相禋，于以告虔，孰歆至荐？孰享芳焰？上圣之圣，高天之天。"

附录二

香谱[*]

宋·洪刍

香谱卷上

香之品（四十二品）

龙脑香	麝香	沈水香	白檀香	苏合香	安息香
郁金香	鸡舌香	薰陆香	詹糖香	丁香	波律香
乳香	青桂香	鸡骨香	木香	降真香	艾蒳香
甘松香	零陵香	茅香花	毣香	水盘香	白眼香
叶子香	雀头香	芸香	兰香	芳香	懷香
蕙香	白胶香	都梁香	甲香	白茅香	必栗香
兜娄香	藒车香	兜纳香	耕香	木蜜香	迷迭香

香之异（四十品）

都夷香	荼芜香	辟寒香	月支香	振灵香	千亩香
十里香	蘜齐香	龟甲香	兜末香	沈光香	沈榆香
茵墀香	石叶香	凤脑香	紫述香	威香	百濯香
龙文香	千步香	薰肌香	蘜芜香	九和香	九真雄麝香
罽宾国香	拘物头花香	升霄灵香	祇精香	飞气香	
金磾香	五香	千和香	兜娄婆香	多伽罗香	大象藏香
牛头旃檀香	羯布罗香	蒼卜花香			

---

* 洪刍之《香谱》与陈敬之《陈氏香谱》内容大体相近，因此仅摘录目录和序言。

香谱卷下

香之事

述香　香序　香尉　香市　薰炉　怀香　香户　香洲　披香殿
采香径　啖香　爱香　含香　窃香　香囊　沈香床　金香炉
博山香炉　被中香炉　沈香火山　檀香亭　沈香亭　五色香烟
香珠　金香　鹊尾香炉　百刻香　水浮香　香篆　焚香读孝经
防蠹　香溪　床畔香童　四香阁　香界　香严童子

香文

天香传　古诗咏香炉　齐刘绘咏博山香炉诗　梁昭明太子铜博山香炉赋
汉刘向薰炉铭　梁孝元帝香炉铭　古诗

香之法

蜀王薰御衣法　江南李王帐中香法　唐化度寺牙香法
雍文彻郎中牙香法　延安郡公蕊香法　供佛湿香　牙香法　又牙香法
又牙香法　又牙香法　又牙香法　又牙香法　印香法　又印香法
傅身香粉法　梅花香法　衣香法　窨酒龙脑丸法　球子香法　窨香法
薰香法　造香饼子法

序

《书》称："至治馨香，明德惟馨。反是则曰腥，闻在上。"《传》以芝
兰之室、鲍鱼之肆为善恶之辨。《离骚》以兰、蕙、杜蘅为君子；粪壤、萧
艾为小人。君子澡雪其身心，熏被以道义，有无穷之闻，余之《谱》,亦是意云。

附录三

和香序 [*]

刘宋·范晔

麝本多忌，过分必害；沉实易和，盈斤无伤。零藿燥虚，詹唐粘湿，甘松、苏合、安息、郁金、捺多和罗之属，并被珍于外，无取于中土。又枣膏昏蒙，甲馢浅俗，非惟无助于馨烈，乃当弥增于尤疾也。

此序所言，悉以类比朝士。麝木多忌比庾憬之，枣膏昏蒙比羊玄保，甲馥浅俗比徐湛之，甘松苏合比惠休道人，沉实易和盖自比也。

---

[*] 此序为范晔所著《和香方》的序言，原著已失传，只留下此序。

附录四

香乘*

明·周嘉胄

原序

吾友周江左，为《香乘》所载天文地理人事物产，囊括古今，殆尽矣。余无复可措一辞。《叶石林燕语》述章子厚自岭表还，言神仙升举形滞难脱，临行须焚名香百余觔，以佐之。庐山有道人积香数斛，一日尽发，命弟子焚于五老峰下，默坐其傍，烟盛不相辩，忽跃起在峰顶。言出子厚与，所谓返魂香之说，皆未可深信。然诗礼所称燔柴事天，萧爇供祭蒸，享苾芬，升香椒，馨达神明，通幽隐，其来久远矣。佛有众香国，而养生炼形者，亦必焚香，言岂尽诬哉？古人香臭字通谓之臭，故大学言如恶，恶臭。而孟子以鼻之于臭为性。性之所欲不得，而安于命。余老矣，薄命不能得致奇香，展读此乘，芳菲菲兮袭余计。人性有同好者，案头各置一册，作如是鼻观否。夫以香草比君子，屈宋诸君骚赋累累不绝书，则好香故余楚俗。周君维扬人，实楚产。两人譬之草木，吾臭味也。李维桢序。

余好睡，嗜香，性习成癖，有生之乐在兹，遁世之情弥笃。每谓霜里佩黄金者，不贵于枕上黑甜；马首拥红尘者，不乐于炉中碧篆，香之为用大矣哉。通天集灵祀先供圣，礼佛籍以导诚。祈仙因之升举，至返魂祛疫、辟邪飞气，功可回天。殊珍异物，累累征奇，岂惟幽窗破寂，绣阁助欢已耶。少时尝为此书鸠集一十三卷，时欲命梓，殊歉挂漏乃复穷搜遍辑。积有年月，通得二十八卷。嗣后，次第获睹洪、颜、沈、叶四氏香谱，每谱卷帙寥寥，似未赅博。然又皆修合香方过半，且四氏所纂互相重复，至如幽兰木兰等赋

---

* 节选部分断句为笔者所做，错误遗漏之处在所难免，希望起抛砖引玉的作用，待有识之士更正。

于谱无关，经余所采通不多则。而辩论精审，叶氏居优，其修合诸方，实有资焉。复得晦斋香谱一卷，墨娥小录香谱一卷，并全录之。计余所纂，颇亦浩繁。尚冀海底珊瑚，不辞探讨，而异迹无穷，年力有尽。乃授剞劂布诸艺林，卅载精勤，庶几不负，更欲纂《睡》一书，以副初志。李先生所为序，正在一十三卷之时。今先生下世二十年，惜不得余全书，而为之快读。不胜高山仰止之思焉！周嘉胄序。

香乘目录

臣等谨案：《香乘》二十八卷，明周嘉胄撰。嘉胄，字江左，扬州人。此书初纂于万历戊午。止一十三卷，李维桢为作序。后自病，其疏略续辑，为二十八卷。以崇祯辛巳刊成。嘉胄自为前后二序。其书凡香品五卷，佛藏诸香一卷，宫掖诸香一卷，香异一卷，香事分类二卷，香事别录二卷，香绪余一卷，法和众妙香四卷，凝合花香一卷，熏佩之香、涂传之香共一卷，香属一卷，印香方一卷，印香图一卷，晦斋香谱一卷，墨娥小录香谱一卷，猎香新谱一卷，香炉一卷，香诗、香文各一卷。采摭极为繁富，考南宋以来，有洪刍、叶廷珪诸家之谱。今或传或不传，真传者亦篇帙廖廖。故周紫芝《太仓稊米集》，称所征香事多在洪谱之外。嘉胄此编殚二十余年之力，凡香名品故实以及修合赏鉴诸法，无不旁征博引，一一具有始末。自有香谱以来，惟陈振孙《书录解题》载有《香严三昧》十卷，篇帙最富。嘉胄此集，乃几于三倍之。谈香事者，固莫详备于斯矣。

乾隆四十六年六月恭校上。

香乘卷一

香品（随品附事实）

香最多品类，出交广、崖州及海南诸国。然秦汉以前未闻，惟称兰蕙椒桂而已。至汉武奢广，尚书郎奏事者始有含鸡舌香，及诸夷献香种种征异。晋武时，外国亦贡异香。迨炀帝除夜，火山烧沈香甲煎不计数，海南诸香毕至矣。唐明皇君臣多有用沈檀脑麝为亭阁，何多也。后周显德间，昆明国又献蔷薇水矣。昔所未有，今皆有焉。然香一也，或生于草，或出于木，或花或实，或节或叶，或皮或液，或又假人力煎和而成。有供焚者，有可佩者，又有充入药者。详列如左。沈水香（考证一十九则），木之心节，置水则沈，故名沈水，亦曰水沈。半沈者为栈香，不沈者为黄熟香。《南越志》言："交州人称为蜜香，谓其气如蜜脾也，梵书名阿迦嚧香。"

香之等凡三，曰沈、曰栈、曰黄熟是也。沈香入水即沈，其品凡四。曰熟结，乃膏脉凝结自朽出者。曰生结，乃刀斧伐仆膏脉结聚者。曰脱落，乃因木朽而结者。曰虫漏，乃因蠹隙而结者。生结为上，熟脱次之。坚黑为上，黄色次之。角沈黑润，黄沈黄润。蜡沈柔韧，华沈纹横。皆上品也。

海岛所出，有如石杵，如肘，如拳，如凤雀、龟蛇、云气、人物。及海南马蹄、牛头、燕口、茧、栗、竹、叶、芝、菌、梭子、附子等香，皆因形命名耳。其栈香入水，半浮半沈，即沈香之半结。连木者，或作煎香，番名婆菜香，亦曰弄水香，甚类煨刺。鸡骨香、叶子香，皆因形而名。有大如笠者，为蓬莱香。有如山石枯槎者，为光香，入药皆次于沈水。其黄熟香，即香之轻虚者，俗讹为速香是矣。有生速斫伐而取者，有熟速腐朽而取者，其大而可雕刻者，谓之水盘头，并不可入药，但可焚爇。（《本草纲目》）

岭南诸郡，悉有傍海处，尤多交干连枝，冈岭相接千里不绝，叶如冬青，大者数抱，木性虚柔，山民以构茅庐或为桥梁，为饭甑。有香者，百无一二。益木得水方结，多有折枝枯干。中或为沈，或为栈，或为黄熟，自枯死者谓之水盘香。南恩高窦等州惟产，生结香益山民入山以刀斫曲干斜枝成坎，经年得雨水浸渍遂结成香，乃锯取之，刮去白木，具香结为斑点，名鹧鸪斑，燔之极清烈。香之良者，惟在琼崖等州，俗谓之角沈、黄沈，乃枯木得者，宜入药用。依木皮而结者，谓之青桂，气尤清。在土中岁久，不待创剔而成薄片者，谓之龙鳞，削之自卷，咀之柔韧者，谓之黄蜡沈，尤难得也。（同上）

诸品之外，又有龙鳞、麻叶、竹叶之类，不止一二十品。要之入药，惟取中实沈水者。或沈水而有中心空者，则是鸡骨，谓中有朽路，如鸡骨。血眼也。（同上）

沈香所出非一，真腊者为上，占城次之，渤泥最下。真腊之香，又分三品，绿洋极佳，三泺次之，勃罗间差弱。而香之大，生结者为上，概熟脱者次之。坚黑为上，黄者次之。然诸沈之形多异，而名不一，有状如犀角者，有如燕口者，如附子者，如梭子者，是皆因形而名。其坚致而有纹横者，谓之横隔沈。大抵以所产气色为高，而形体非以定优劣也。绿洋、三泺、勃罗间皆真腊属国。（叶廷珪《南番香录》）

蜜香、沈香、鸡骨香、黄熟香、栈香、青桂香、马蹄香、鸡舌香，按此八香同出于一树也。交趾有蜜香树，干似榉柳，其花白而繁，其叶如橘。欲取香，伐之，经年，其根干枝节各有别色，木心与节坚黑沈水者为沈香；与水面平者为鸡骨香；其根为黄熟香；其干为栈香；细枝紧实未烂者为青桂香；其根节轻而大者为马蹄香；其花不香成实乃香为鸡舌香；珍异之本也。（陆佃《埤雅广要》）

太学同官，有曾官广中者云：沈香，杂木也。朽蠹浸沙水，岁久得之，如儋崖海道，居民桥梁皆香材，如海桂橘柚之木沈于水，多年得之，为沈水香，本草谓为似橘是也，然生采之则不香也。（《续博物志》）

琼崖四州在海岛上，中有黎戎国，其族散处无酋长，多沈香药货。（《孙升谈圃》）

水沈出南海，凡数种。外为断白、次为栈、中为沈。今岭南岩峻处亦有之，但不及海南者清婉耳。诸夷以香树为槽，以饲鸡犬，故郑文宝诗云"沈檀香植在天涯，贱等荆衡水面槎。未必为槽饲鸡犬，不如煨烬向豪家。"（《陈谱》）

沈香生在土最久，不待剜剔而得者。（孙平仲《谈苑》）

香出占城者，不若真腊，真腊不若海南黎峒，黎峒又以万安黎母山东峒

者冠绝天下。谓之海南沈，一片万钱。海北高化诸州者皆栈香耳。（蔡绦《丛谈》）

上品出海南黎峒，一名土沈香，少有大块，其次如玺栗角、如附子、如芝菌、如茅竹叶者佳，至轻薄如纸者入水亦沈。香之节因久蛰土中，滋液下流结而为香，采时香面悉在下，其背带木性者乃出土上，环岛四郡界皆有之，悉冠诸番所出，又以出万安者为最胜说者，谓万安山在岛正东，钟朝阳之气，香尤酝藉丰美。大抵海南香气皆清淑，如莲花、梅英、鹅梨、蜜脾之类，焚博山投少许，氛翳弥室，翻之四面悉香，至煤烬气不焦。此海南之辩也，北人多不甚识。盖海上亦自难得，省民以牛博之于黎，一牛博香一担，归自择选，得沈水十不一二。中州人士但用广州舶上占城真腊等香，近来又贵登流眉来者。余试之，乃不及海南中下品。舶香往往腥烈，不甚腥者气味又短，带木性尾烟必焦。其出海北者，生交趾及交人得之，海外番舶而聚于钦州谓之钦香。质重实，多大块，气尤酷烈，不复酝藉，惟可入药，南人贱之。（范成大《桂海虞衡志》）

琼州崖万琼山定海临高，皆产沈香，又出黄速等香。（《大明一统志》）

香木所断，岁久朽烂，心节独在，投水则沈。（同上）

环岛四郡，以万安军所采为绝品，丰郁酝藉，四面悉皆，翻爇烬余而气不尽，所产处价与银等。（《稗史汇编》）

大率沈水，万安东洞为第一品，在海外则登流眉片沈可与黎峒之香相伯仲，登流眉有绝品，乃千年枯木所结，如石杵、如拳、如肘、如凤、如孔雀、如龟蛇、如云气、如神仙人物，焚一片则盈室，香雾越三日不散，彼人自谓无价宝，多归两广帅府及大贵势之家。（同上）

香木初种也，膏脉贯溢则沈实，此为沈水香。有曰熟结，其间自然凝实者脱落。因木朽而自解者曰生结，人以刀斧伤之，而复膏脉聚焉。虫漏，因虫伤蠹而后，膏脉亦聚焉。自然脱落为上，以其气和，生结虫漏则气烈，斯为下矣。沈水香过四者外，则有半结半不结为弄水香，番言为婆菜，因其半结则实而色重，半不结则不大实而色褐，好事者谓之鹧鸪斑。婆菜中则复有名水盘头，结实厚者亦近沈水。凡香木被伐，其根盘结处必有膏脉涌溢，故亦结，但数为雨淫，其气颇腥烈，故婆菜中水盘头为下。余虽有香气，不大凝实。又一品号为栈香，大凡沈水、婆菜、栈香尝出于一种，而每自有高下三者。其产占城，不若真腊国，真腊不若海南诸黎峒，海南诸黎峒又不若万安吉阳两军之间黎母山，至是为冠绝天下之香，无能及之矣。又海北则有高化二郡亦产香，然无是三者之别，第为一种类，栈之上者，海北香若沈水地号龙龟者，高凉地号浪滩者。官中时时择其高胜，试爇一炷，其香味虽浅薄，乃更作花气百和旖旎。（同上）

南方火行其气炎，上药物所赋皆味辛，而嗅香如沈栈之属，世专谓之香者，又美之所钟也。世皆云二广出香，然广东香乃自舶上来，广右香产海北者亦凡品，惟海南最胜人，士未尝落南者，未必尽知，故着其说。（《桂海志》）

高容雷化山间，亦有香，但白如木，不禁火力，气味极短，亦无膏乳，土人货卖不论钱也。（《稗史汇编》）

泉南香不及广香之为妙，都城市肆有詹家香颇类广香。今日多用全类辛辣之气，无复有清芬韵度也。又有官香而香味亦浅薄，非旧香之比。

已下九品俱沈香之属

生沈香即蓬莱香

出海南山西，其初，连木状如粟棘房，土人谓之刺香刀。刳去木而出其香，则坚致而光泽，士大夫日蓬莱香，气清而且长。品虽侔于真腊，然地之所产者少，而官于彼者乃得之商舶获焉，故值常倍于真腊所产者云。（《香录》）

蓬莱香即沈水香，结未成者多成片，如小笠及大菌之状，有径一二尺者，极坚实，色状皆似沈香，惟入水则浮。刳去其背带木处亦多沈水。（《桂海虞衡志》）

光香

与栈香同品第，出海北及交趾，亦聚于钦州。多大块如山石枯槎，气粗烈如焚松桧，曾不能与海南栈香比。南人常以供日用及陈祭享。（同上）

海南栈香

香如猬皮、栗蓬及渔蓑状，盖修治时雕镂费工，去木留香，棘刺森然，香之精钟于刺端，芳气与他处栈香迥别。出海北者，聚于钦州，品极凡，与广东舶上生熟速结等香相埒，海南栈香之下，又有重漏、生结等香，皆下色。（（同上））

番香一名番沈

出勃泥、三佛斋，气旷而烈，价似真腊绿洋减三分之二，视占城减半矣。（《香录》）

占城栈香

栈香乃沈香之次者，出占城国。气味与沈香相类。但带木颇不坚实，亚于沈而优于熟速。（《香录》）

栈与沈同树，以其肌理有黑者为别。（《本草拾遗》）

黄熟香

亦栈香之类，但轻虚枯朽不堪也，今和香中皆用之。黄熟香夹栈香。黄熟香诸番出，而真腊为上。黄而熟故名焉。其皮坚而中腐者，其形状如桶，故谓之黄熟桶。其夹栈而通黑者，其气尤胜，故谓夹栈黄熟。此香虽泉人之所日用，而夹栈居上品。（《香录》）

近时东南好事家盛行黄熟香，又非此类，乃南粤土人种香树，如江南人家艺茶趋利，树矮枝繁，其香在根。剔根作香。根腹可容数升，实以肥土，数年复成香矣。以年逾久者逾香。又有生香、铁面油尖之称。故《广州志》云：东莞县茶园村香树出于人为，不及海南出于自然。

速暂香

香出真腊者为上，伐树去木而取香者，谓之生速。树仆木腐而香存者，谓之熟速。其树木之半存者谓之暂香，而黄而熟者谓之黄熟，通黑者为夹栈，又有皮坚而中腐形如桶谓之黄熟桶。（《一统志》）

速暂黄熟即今速香，俗呼鲫鱼片，以雉鸡斑者佳。重实为美。

白眼香

亦黄熟之别名也，其色差白不入药品，和香用之。

叶子香

一名龙鳞香，盖栈香之薄者，其香尤胜于栈。

水盘香

类黄熟而殊大，雕刻为香山佛像并出舶上。

有云诸香同出一树，有云诸木皆可为香，有云土人取香树作桥梁槽甑等用。大抵树本无香，须枯株朽干仆地，袭沁泽凝膏，蜕去木性，秀出香材，为焚爇之珍。海外必登流眉为极佳，海南必万安东峒称最胜。产因地分优劣，盖以万安钟朝阳之气故耳。或谓价与银等，与一片万钱者，则彼方亦自高值，且非大有力者不可得。今所市者不过占腊诸方平等香耳。

沈香祭天

梁武帝制南郊明堂，用沈香取天之质阳所宜也。北郊用土和香，以地于人亲宜，加杂馥即合诸香为之。梁武祭天始用沈香古未有也。

沈香一婆罗丁

梁简文时，扶南传有沈香一婆罗丁，云婆罗丁五百六十斤也。（《北户录》）

沈香火山

隋炀帝每至除夜，殿前诸院设火山数十车，沈水香每一山焚沈香数车，以甲煎沃之，焰起数丈，香闻数十里。一夜之中用沈香二百余乘，甲煎二百余石，房中不燃膏火，悬宝珠一百二十以照之，光比白日。（《杜阳杂编》）

太宗问沈香

唐太宗问高州首领冯盎云：卿去沈香远近？盎曰：左右皆香树。然其生者无香，惟朽者香耳。

沈香为龙

马希范构九龙殿，以沈香为八龙，各长百尺，抱柱相向，作趋捧势。希范坐其间，自谓一龙也。幞头脚长丈余，以象龙角。凌晨将坐，先使人焚香于龙腹中，烟气郁然而出，若口吐然。近古以来，诸侯王奢僭，未有如此之盛也。（《绩世说》）

沈香亭子材

长庆四年，敬宗初嗣位，九月丁未，波斯大商李苏沙进沈香亭子材，拾遗李汉谏云：沈香为亭子不异瑶台琼室。上怒优容之。(《旧纪》)

沈香泥壁

唐宗楚客造一宅新成，皆是文柏为梁，沈香和红粉以泥壁，开门则香气蓬勃。太平公主就其宅看，叹曰：观其行坐处，我等皆虚生浪死。(《朝野佥载》)

屑沈水香末布象床上

石季伦屑沈水之香如尘末，布象床上，使所爱之姬践之，无迹者赐以珍珠百琲，有迹者节以饮食，令体轻弱。故闺中相戏曰：尔非细骨轻躯，那得百琲珍珠。(《拾遗记》)

沈香叠旖旎山

高丽舶主王大世，选沈水香近千斤，叠为旖旎山，象衡岳七十二峰，钱俶许黄金五百两竟不售。(《清异录》)

香翁

海舶来有一沈香翁，剜镂若鬼工，高尺余。舶酋以上吴越王，王目为清门处士，发源于心，清闻妙香也。(同上)

沈香为柱

番禺有海獠杂居，其最豪者蒲姓，号曰番人。本占城之贵人也，既浮海而遇风涛，惮于复返，遂留中国定居。城中屋室侈靡踰禁，中堂有四柱，皆沈水香。(《程史》)

沈香水染衣

周光禄诸妓，掠鬓用郁金油，傅面用龙消粉，染衣以沈香水，月终人赏金凤皇一只。(《传芳略记》)

炊饭洒沈香水

龙道千卜室于积玉坊,编藤作凤眼窗,支床用薜荔千年根,炊饭洒沈香水,浸酒取山凤髓。(《青州杂记》)

沈香甑

有贾至林邑,舍一翁姥家,日食其饭,浓香满室。贾亦不喻,偶见甑则沈香所剜也。(《清异录》)

桑木根可作沈香想

裴休符桑木根曰:若非沈香,想之更无异相,虽对沈水香反作桑根想,终不闻香气,诸相从心起也。(《常新录》)

鹧鸪沈界尺

沈香带斑点者名鹧鸪沈,华山道士苏志恬偶获尺许,修为界尺。(《清异录》)

沈香似芬陀利华

显德末,进士贾颙于九仙山遇靖长官,行若奔马,知其异,拜而求道。取箧中所遗沈水香焚之,靖曰:此香全类斜光下等六天所种芬陀利华,汝有道骨而俗缘未尽,因授炼仙丹一粒,以柏子为粮,迄今尚健。(《清异录》)

研金虚缕沈水香纽列环

晋天福三年,赐僧法城跋遮那(袈裟环也)。王言云勒法城卿,佛国栋梁,僧坛领袖,今遣内官赐卿研金虚缕沈水水香纽列环一枚,至可领取。(同上)

沈香板床

沙门支法存有八尺沈香板床,刺史王淡,其子劼求之不与,遂杀而藉之,后得疾,法存为祟也。

沈香履

陈宣华有沈香履箱金屈膝（《三余帖》）

氍衬沈香

无瑕氍氍之内皆衬沈香，谓之生香氍。

沈香种楮树

永徽中定州僧欲写华严经，先以沈香种楮树，取以造纸。（《清赏集》）

蜡沈

周公谨有蜡沈重二十四两，又火浣布尺余云。（《云烟过眼录》）

沈香观音像

西小湖天台教寺，旧名观音教寺。相传唐乾符中有沈香观音像，泛太湖而来，小湖寺僧迎得之。有草绕像足，以草投小湖，遂生千叶莲花。（《苏州旧志》）

沈香煎汤

丁晋公临终前半月已不食，但焚香危坐，默诵佛经。以沈香煎汤时时呷少许，神识不乱，正衣冠，奄然化去。（《东轩笔录》）

妻斋沈香

吴隐之为广州刺史，及归，妻刘氏斋沈香一片，隐之见之，即投于湖。（《天游别集》）

牛易沈水香

海南产沈水香，香必以牛易之。黎黎人得牛皆以祭鬼，无脱者。中国人以沈水香供佛，燎帝求福，此皆烧牛也，何福之能得？哀哉！（《东坡集》）

沈香节

江南李建勋尝蓄一玉磬，尺余，以沈香节按柄，叩之声极清越。(《澄怀录》)

沈香为供

高丽使慕倪云林高洁，屡叩不一见，惟开云林示之，使惊异向上礼拜，留沈香十斛为供，叹息而去。(《云林遗事》)

沈番烟结七鹭鸶

有浙人下番，以货物不合时，疾疢（音趁，染病意）遗失，尽倾其本，叹息欲死海客。同行慰勉再三，乃始登舟，见水濑朽木一块，大如钵，取而嗅之颇香，谓必香木也，漫取以枕首。抵家对妻子饮泣，遂再求物力，以为明年图。一日，邻家秽气逆鼻，呼妻以朽木爇之，则烟中结作七鹭鸶，飞至数丈乃散，大以为奇，而始珍之。未几宪宗皇帝命使求奇香，有不次之赏。其人以献，授锦衣百户，赐金百两。识者谓沈香顿水，次七鹭鸶日夕饮宿其上，积久精神晕入，因结成形云。(《广艳异编》)

仙留沈香

国朝张三丰与蜀僧广海善，寓开元寺七日，临别赠诗，并留沈香三片，草履一双。海并献文皇答赐甚腆。

后记·香席的复兴

工业文明的时代，物质现代化，互联网、超音速飞机、汽车马达的轰鸣，伴随着我们每一天的生活。这是一种累。人类走得太快了，太匆忙了，心也太累了，以致忘记了村口的乡间小径，忘记了石板街嘎吱嘎吱的响声，忘记了傍晚江边的渔火，忘记了早晨街上的叫卖声，忘记了伴随成长的老牛，忘记了甘甜的泉水，忘记了娓娓道来的神仙故事，也忘记了院子里的老槐树，忘记了很多很多的过去。这些我们逐渐忘记的东西，正是我们生命的组成部分。

其实这是一种迷失，我们已经找不到来时的路了。

商业的力量是如此强大，几乎可以摧毁一切阻挡其继续商业化的任何障碍，也包括我们残存的往昔记忆。这令我感到沮丧。

但是，偶尔进入我生活的沉香，让我有了不同的感悟。

丁谓、陈敬、苏东坡、黄庭坚这些文人墨客、香学大家，他们将对香的爱好作为修身养性的一种法门，成为生活的一部分，每日在香篆烟气与青灯黄卷之中，寻找着自己心中的那份宁静与安详。这是一种文化意义上的宁静与安详。从某种角度看，正是这种宁静与安详，造就了中华文明的厚重与凝练，博大与精深。

大道无形，大音希声。就在这宁静与安详之中，文人墨客和香学大家们将心灵的感受升华到了新的高度，类似佛家的禅，类似道家的道，如同高山流水，如同空谷绝音。他们在袅袅升起的香烟中，感悟着世事，参透了人生。

从我接触香文化以来，也被其神秘与雅致所吸引，常和朋友们一起品玩沉香，探讨沉香如何鉴伪，以及香文化的来龙去脉。有时，我会沉浸在古人的淡泊宁静之中，城市中的喧闹声仿佛不存在，时间似乎过得慢了一些。这是一种享受，也许正符合了当今世界所谓"慢生活"的格调。

值得我们玩味的是，商业会毁掉文化，有时却也会促进文化，甚至使我们有足够的物质基础去寻找已经失落的文明。比如已经失落了百年的香席文化。

随着改革开放的进一步深入，中国经济快速发展，人们的物质生活条件获得了极大改善，社会文化生活呈现出空前繁荣的大好局面。在和日本以及中国台湾地区的文化交流中，有关日本香道、香席的书籍、资讯大量出现在书店和网络上，香学的爱好者可以方便地了解到相关知识。而中国发达的电子商务，也让沉香及相关产品的卖家和消费者拉近了距离，随便一搜，就可以从网上买到香炉、香刀、线香等玩香必备物品，甚至连香灰都有质量非常好的日本原装品。可以说，除了天然野生沉香不大好买外，香席和香道的一切用品，都可以从网上购得。有了这些物质基础，作为中国香文化的核心精髓——香席在一些大城市复兴，也就在情理之中了。

这几年，北京、上海、广州、杭州、成都等大城市都出现了一些以香席为内容的主题会馆、沙龙。大家或于雅室小聚，焚香品茗，共叙佳话；或在会所展示香席表演，品味沉香妙趣，增进友谊；还有些小众化的香席或香道培训，慢慢地传播着香文化。

文明的演进过程就是这样。走得快了，猛然间就想要回头望一望。这一回望，遮掩在历史尘埃中的各种精彩会若隐若现，吸引着我们揭开其神秘面纱。这样一来，我们就会驻足，我们就会反思，我们就会舍弃一些东西，我们也会获得一些新的感受。

就是在这样的反思下，我们重新拾起历史海洋中那块美丽的扇贝——香席。

中华文明不是空洞的，它有许许多多的组成部分。比如《诗经》、诸子百家的学说、辞藻华丽的汉赋、唐诗宋词、元代悲凉的杂剧、明清的小说演义。又比如甲骨文的金石味，小篆的中和之美，隶书的庄重，行书的飘逸，草书的奔放，楷书的正气，还有乐府的音律，大明宫的雕梁画栋，穿了几千年的汉服衣冠，甚至宋徽宗的花鸟画，柳如是的爱情悲剧，等等。这些都是中华文明的有机组成部分，而香席在其中占有一席之地。中国要走向伟大的民族复兴，文化的复兴必然是全方位的。既要有吸收，也要有传承，还要有发现。只有这样的文化复兴，才能使中华文明的复兴具有可持续性，并且走向更加灿烂辉煌的未来。

很荣幸的是，我们作为当代的一分子，处于中国最繁荣的时期，处于这个伟大的文明复兴时期，因为与香席的缘分，我们在一起前行。

参考文献
CANKAOWENXIAN

1.刘良佑.香学会典[M].台北：东方香学研究会，2003.

2.萧元丁.沉香谱——神秘的物质与能量[M].太原：三晋出版社，2013.

3.傅京亮.中国香文化[M].济南：齐鲁书社，2008.

4.胡适.禅学指归[M].西安：陕西师范大学出版社，2008.

5.刘卉宇.宋词菁华典评[M].西安：太白文艺出版社，2009.

6.顾青.唐诗三百首[M].北京：中华书局，2012.